儿童 EQ 智能与口才团体课程

陈荔茹 著

知识产权出版社
全国百佳图书出版单位
北京

图书在版编目(CIP)数据

儿童EQ智能与口才团体课程/陈荔茹著.—北京：知识产权出版社，2020.12
ISBN 978-7-5130-7106-2

Ⅰ.①儿… Ⅱ.①陈… Ⅲ.①情商-儿童教育-研究 Ⅳ.①B842.6

中国版本图书馆CIP数据核字(2020)第145555号

内容提要

这是一本纯粹、简单的书籍，和儿童的心灵世界一样纯澈，把人类的天性潜能用简单、形象但又饱含深意的文字进行了讲述，是写给当下迷茫的人们的书籍，更是走向未来的书籍。本书分析了情感智力、情景智力等概念，同时对教学实践进行论述，并有大量的教学案例分析，让人们在深入浅出中迅速驾驭全新的人文科学知识，并提供了具体的实践方法和心理专业参考，既是学校与家庭的儿童教育实践性书籍，也适用于各类非教育工作者的工作拓展参考和自我认知提高，是珍贵的人才研究、人才培养书籍。

责任编辑：李海波　　　　　　　责任印制：孙婷婷

儿童EQ智能与口才团体课程
ERTONG EQ ZHINENG YU KOUCAI TUANTI KECHENG

陈荔茹　著

出版发行：知识产权出版社 有限责任公司	网　　址：http://www.ipph.cn
电　　话：010—82004826	http://www.LAIchushu.com
社　　址：北京市海淀区气象路50号院	邮　　编：100081
责编电话：010—82000860转8582	责编邮箱：lihaibo@cnipr.com
发行电话：010—82000860转8101	发行传真：010—82000893
印　　刷：北京中献拓方科技发展有限公司	经　　销：各大网上书店、新华书店及相关专业书店
开　　本：720mm×1000mm　1/16	印　　张：11
版　　次：2020年12月第1版	印　　次：2020年12月第1次印刷
字　　数：180千字	定　　价：65.00元
ISBN 978-7-5130-7106-2	

出版权专有　侵权必究
如有印装质量问题，本社负责调换。

序言一
生命是一棵长满可能的树

情商就是内在生命力，是生命自然生长的力量与过程，这一事实我们会在儿童身上清晰看见。人在成长过程中所缺失的，当要重塑自我、重建生命时，不但很难，而且很痛……

米兰·昆德拉说："生命是一棵长满可能的树。"一棵长满可能的树，是有条件的，条件就是要回归本心，紧握住生命的根，这样才能产生凝聚向上的力量，让生命树结出丰硕的精神之果。

童年本就拥有一颗无比珍贵的本心，只是在人生的旅程中，人慢慢远离了这颗心。如果人们能尊重这颗心、发现这颗心，就能发现人类无比珍贵的生命的根，这些根具有饱满的向上的力量。教学的这些年，儿童生命的精神，不但打开了我对人类生命全新的认识，也创造了另一个新生的、全新的我自己。就如一位四个孩子的母亲所说："四个孩子都不一样，不一样的他们成就了不一样的我。"是的，当我们尊重儿童，用简单、纯粹的心去了解儿童的世界时，不知不觉间孩子早已成就了全新的我们。或许这也正是生命需要不断轮回更迭的真理，因为新生命带给了地球无穷的希望。孩子是我们的老师，愿我们在孩子的生命发展中发现他们的心灵，同时也找回自我的本心，让生命生生不息，具有自我更新、自我成长的力量，感受生命的茁壮……

本书之珍贵是通过对儿童情感智力的培养与客观、真实的教学记录，发现了人类的童年是人类精神生命的启动"心（芯）"片。教育不是对儿童灌输成人思维、成人思想，否则会让他们脆弱的根不堪重负而折损、枯萎；教育是启迪儿童、聆听儿童、了解儿童、发现儿童，然后才能走上因材施教的道路。习近平总书记提出，要"讲好中国故事"，"提高国家文化软实力"。本书平实、真实地记载了儿童创作的故事，中国故事很多很多，我们不要忘记了儿童的故事不但是中国的故事，更加是关于希望与未来的故事。这份文化软实力不但是民族的精神文化基因、生命基因，也将会是民族强大的力量。

陈荔茹

2020年6月于广州

序言二
人的根性与时代性

所有生物的生长都必须遵循各自在进化历程中形成的规律。不遵循发展规律，生命必定会凋零，包括人类，这既是常识，更是真理。而把人的生命发展规律简述为人的根性，是因为当我们尊重生命发展的规律去培育人才时，其生命之根也会同时暗暗生长，慢慢地、深深地扎根，逐渐形成庞大的根系。比如，我们虽然能看见小树苗的枝干、绿叶的生长，却不能刨开土壤去检查它们的根有没有生长。因为根深植土壤，就算外界风吹雨打，小树苗的树叶会掉落、树枝会折损，但无损它的内在生命和继续生长的力量。然而如果用毒水浇灌树根和土壤，这棵小树就厄运难逃，必死无疑了。所以，当我们尊重人的生命发展规律，就会明白生长过程中展现的性格、行为、气质、特长等均是表象，是个体的内在生命向外传导出来的各种信息。教导者不是简单、粗暴地强扭、强制人的外在行为，而是让人生长能深植大地的根，即心理学所说的培养潜意识和人格。如果教导者过度强扭、强制正在生长的树苗，力用错了，肥施错了、过度了，树苗是很容易夭折的。

我们再谈人的时代性，还是用树做比喻，树生长的土壤、环境决定了这棵树的特质；而人之生长，家庭环境、学校环境、社会环境也是塑造人的特质的各种综合因素。所以，育人既要研究生命发展的规律，也不能忽视对各种环境、社会发展进程的研究。为了简化讲述，暂且把家庭环境、学校环境、社会环境，统一称为人的时代性。时代性与人的根性是育人的两条轨道，缺了哪一条都不能前行。如果评价一个人很具有时代特质是积极意义的评价，那么时代性在某种层面可理解为人具有良好的社会适应性、洞察力、创造性与超越性，即弄潮儿的精神品质与能力，如改革开放后的第一代个体户，路遥先生《平凡的世界》中的两位男主角，《钢铁是怎样炼成的》中的保尔。这些有血有肉、有思想、有干劲的人物，不但用生命、奋斗体现了什么是时代的精神，也超越时空鼓舞着越来越多的后来者。

现在高中已经能切入时代教育，而幼小与初中教育还在探索，也是最难把握的尺度，尤其是幼小教育，灌输过强的成人思维、成人思想，不但不符合幼小的生命发展规律，也常常因教育过度而造成对生命的损毁。本书从教学方法到儿童的心理与思维发展的分析，不仅让读者了解到了生命的发展规律与进程，也是培养人从具有良好的社会适应能力，逐渐走向具有时代精神的教学之旅。

家庭环境、学校环境、社会环境是时代性的主要构成，而时代性的内容、内涵则是非常严肃、严谨又广泛的研究领域。本书主要提供学校教育和家庭教育可与儿童交流互动的学习方法，在时代性上暂不做深入探讨，主要引起教育界、家庭与社会各界的重视，希望有更多有识之士能关注这个重要的教育命题。首先需要修正的是，儿童教育的时代性并非立足于成人世界的观念和需要，有的校外教育走得很极端，其中一个原因就是立足点错了。其时代性并非立足于儿童、学生，而是定位于成人社会，满足成人社会的各种期待、要求甚至苛求，儿童、学生不过是成人世界的傀儡和工具。教育过度、市场化、功利化渲染过度，也造成了学生的疲于奔命，家长的焦虑与迷失，学生不但并无所得，还损害了身心健康。而已经进入成年期的大学生也充满各种迷茫，有人因害怕被人工智能代替，在大学专业和就业上都意识到要选择具有创造性的职业。因为害怕才意识到，这是后知后觉，既是被动的社会适应，也不符合青年人的发展特质，青年人本应朝气昂扬、充满蓬勃的创造力。所有这些问题，都是没有尊重生命发展规律，没有正确理解时代发展的错误教育所造成的。虽然后知后觉是亡羊补牢的社会适应，但人的心理断层、思维断层、能力断层是难以在中短期内补偿的，尤其是人格不全、人格障碍就更难了。其实人工智能不过是模拟人的智能，更具积极意义的态度是：不是害怕人工智能，而是更多探索、开发人类的智能和潜能。社会发展的洪流是不会停止的，还有更多的洪流带给人们更大的考验和洗礼，这是人类进化必须经历的一个个历程。如果教育从一开始就走对，让人有力量深深地扎根，就不会让人们在成长中有这么多的断层，在社会发展中一路害怕、焦虑，而是能够勇敢前行、不断探索、挑战自我！

陈荔茹

2020年6月于广州

前 言

笔者在十年前开始开展儿童情商口才系列教学，教学理论建基于心理学、大脑科学和大量中外教育研究，以及近十年非常受重视的亲子关系研究。教学的初衷是因为在心理辅导工作中了解到，如果人在成长过程中过分被压抑，没有打开心扉、表达真实自我的机会，对人一生的发展都有不同程度的负面影响，轻则造成各种遗憾，严重的会患上心理和精神疾病、人际沟通障碍、社会适应困难等。相反，如果在成长过程中真我受到鼓励、童心绽放，儿童能建构内在的精神世界、稳定的内在自我，不但不会造成不必要的损害和遗憾，更会让教育者打开探索人类潜能、人才培养的崭新篇章。所以，本书为人才研究、人才培养，提供了宝贵的教学实践与人类心理和思维发展的参考。

人类从婴幼儿期到9岁这一时期，还没有过多受社会环境影响，没有被学习压力或其他各种压力破坏了心智，基本生活在家庭与学校环境，处于生命根基的建构期、生命蓝图的规划期。如果在这个阶段家庭与学校教育能够提供提升心理素质、精神素质和智力素质的科学育人平台，无疑对保护人类的火种与未来的发展意义重大。这套经历了实践考验的教学方法，为学校与家庭教育提供了可共同实践的方法参考和理论依据。

不仅教育需要回归人类的本源进行探索，即使研究人工智能的科学家也意识到了这点。科学家正在发明更多人工智能工具植入人类的身体，尝试提升人类的各种工作效率，如提升视知觉能力、大脑控制物质的能力，等等。难能可贵的是，当科学家们不断创造、更新科技的同时，还保持了高度客观、理性与深刻的思考——回归人类自身。比如有位科学家，他发明了植入人类身体的科技后，是这样反向思维的："在这个蓝色的星球，最聪明的不一定最适合生存，人类最宝贵的是内在自我，而非把科技植入人类的身体。"他叙述这段内容时，影片出现的是他观察儿童在田野天真烂漫的玩耍与笑容。这位已经走得很远的科学家，还是不忘回望，回到生命开始的地方去反思。童年深处包括了人类的过去、现在与未来全部的密码，童年深处是生命无穷的宝藏，也是打开未来之门的钥匙。科技本来是造福人类的，但如果科技正在让人类疲于应对，那是因为人类对自身的认识还很欠缺，科技远远快于人类自身的进步与进化。关于这一点，中国已有年轻的科技企业创始人深刻地认识到，非常难能可贵。人类对自身的认识越丰富、越深入，人类才能真正掌握自己、掌握科技，让科技更好地为人类服务，人类也才能以积极的态度感受到自我的存在、自我的价值。而这些美好的密码，都存在于人类共同的童年。生命是无限的、生命是流动的，生命本身是俱足的、完整的，每个生命都具有自己的特质和使命，每个人接受教育的历程，就是书写自己生命发展史的重要开篇，在教育者的启迪、鼓励下，写下重要的生命旅程。

心理学、科技既研究科学技术的发展，也研究人类与地球各种生物的感知觉与思维。而科技对人类语言的研究还比较空白，语言却恰恰是思维的重要载体，也是人类与其他生物的本质区别，是人类卓越的先天素质。一位研发人工智能医疗应用的科学家说，如果能把人类的语言逻辑应用到人工智能，那就摘取到明珠了。是的，语言在人类进化、文明创造中具有不能缺失的重要地位，科学家已经意识到了人类的语言逻辑是明珠，我们更加要认识到这一点。非常值得一提的是一位英国大学女教授，她跨越国界与时空，对汉语言、古诗做深入的研究，尤其深入研究李商隐的诗。她不但通过李商隐的诗，对汉语的大脑信息加工模式进行认知神经心理学的分析，在个人情感上，也真诚地表达了李商隐的诗词超越时空直达她心灵的感动。所以，语言、文字既是人类的发展史，也是人类的心理发展史、智力发展史、创造史，即语言心理学，我们重新重视语言的表达、语言的研究是非常重要的。如果压抑、剥夺了人表达真实自我的机会，各种心理问题就可能出现，人际关系也会紧张恶劣；而当人有更多恰当表达自我的机会，人就获得了良性发展——这是因为人类的先天素质受到了培育，就如树木的生长与舒展。

　　本书的教学方法，因为帮助儿童回归到了天性、心灵，儿童所表达、创造的是全人类最宝贵的共同起源——诗性语言和诗性逻辑，这些宝贵的创造也是儿童文学、儿童艺术、儿童的人文精神世界。如果儿童的人文精神是丰盛、强大的，人类一定会创造出不可预估的美好的世界。本书记录的儿童语言表达、故事表达全都是真实记载，可以作为人类语言与心理发展研究的参考。本书适合心理学工作者、语文教学工作者、语言艺术工作者、各学科教育创新者、人类学研究者和广大家长阅读、参考与实践。衷心希望读者和笔者一样，在和儿童的共同学习、成长中发现人类共同的财富——童年。当我们以发现童年的心去实践，也会最终走向和心理学家、科学家们共同的认识：人类最宝贵的是内在的自我，教育最宝贵的是童年。

　　本书分为两大部分：第一部分"情商与生命教育"是在心理学、教育学的指导下，经过十多年教学实践、个案实践后，结合社会的发展进行的总结，以深入浅出、形象、简化的方式让读者对情感智力结构一目了然，并结合社会热点时事、中外教育精髓的分析，让读者从形象、感知上快速掌握，有利于下一部分的实践开展。第二部分是教学实践，对情感智力、情景智力做了大脑神经心理分析、人格分析，并以具体的现实案例，让读者快速理解和掌握这个既古老又崭新的人类智能领域。这部分提供了非常具体、细致的教学步骤、教学方法，客观真实的记录，以及儿童心理、儿童思维发展、社会性发展分析等。这些真实的记录，既是实践的温度，更体现了儿童心灵的温度，人类童年的温度。希望这些宝贵的实践记录，能为人类打开一扇认识童年、探索童年的窗，为生命的自然发展开启更多人文科学探索的旅程！

目 录

第一部分 情商与生命教育

第一章 情商教学是人才培养的教学平台 ·············3
第一节 情商：人类与非人类的共赢 ·············3
第二节 儿童EQ智能与口才 ·············9
第三节 混龄教学与社会性发展 ·············14
第四节 思维力与创造力 ·············17

第二章 生命教育 ·············20
第一节 心灵，通向生命教育的探索 ·············20
第二节 心灵的思维领域 ·············25
第三节 天性教育 ·············36
第四节 生命发展的根基 ·············47

第二部分 教学实践与儿童心理及思维发展分析

第三章 情景智力与大脑科学 ·············53
第一节 情景智力是人类的自然素质、潜能 ·············53
第二节 情景智力教学的情景互动 ·············57

第四章 教与学的突破 ·············62
第一节 教与学的新内涵 ·············62
第二节 教学艺术 ·············65

第五章　教学实践第一单元《美丽的大世界》 ·········74
第一节　单元简介及情感智力教学图 ·········74
第二节　第一课《美丽的自然》 ·········76
第三节　第二课《神奇的生命》 ·········88
第四节　第三课《海洋的呼唤》 ·········96
第五节　第四课《多姿多彩的四季》 ·········104
第六节　第五课《飞翔的童话书》 ·········111

第六章　教学实践第二单元《做个有教养的孩子》 ·········118
第一节　单元简介及情感智力教学图 ·········118
第二节　第六课《互助好少年》 ·········119
第三节　第七课《文明好学生》 ·········126
第四节　第八课《我爱我家——在家也要讲礼节》 ·········132
第五节　第九课《我爱我家——客人来》 ·········138
第六节　第十课《做个好邻居》 ·········142

附录一　一至三年级儿童学期结束学习感悟和儿童心理与
　　　　思维力发展分析 ·········150

附录二　情商教师自我成长团体实战课程 ·········157

后　记 ·········159

参考文献 ·········161

第一部分
情商与生命教育

第一章
情商教学是人才培养的教学平台

第一节 情商:人类与非人类的共赢

一、人类智力结构的基本构成

人不是圣人,是凡人,能接纳自己作为凡人、作为血肉之躯具有的喜怒哀乐,才是正常人,在正常人的基础上才可能实现自我超越。心理问题、精神问题就是忽视、逾越了人具有喜怒哀乐的生心理层面,只追求目的、达到目的,从而造成了心理、人格、能力与现实的差距和自我的分裂。

无可否认,人类要比较恰当地在社会环境中活动、生存,逻辑思维是重要的,但如果忽视心理过程,人的智力结构是不完善的(图1-1)。

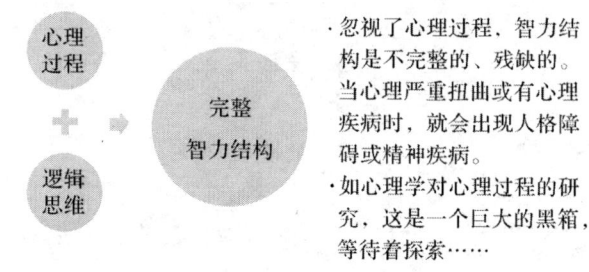

图1-1 人类智力结构的基本构成

二、情商的智力结构

情商(Emotional Quotient,EQ)在心理学理论上是指情绪智力,在创设儿童EQ智能与口才课程时，考虑到儿童的心理特质和心理需要，笔者把课程定名为"EQ智能与口才"，因为这个名称比"情商口才"更显活泼与童真，"智能"一词也突显了教学宗旨：提升情智与实践能力。而经历了100多个儿童团体的教学实践，提升情智的教学思路始终细致、全面地贯穿于教学过程，通过儿童的天性反馈，EQ智能与口才教学打开了认识、探索人类智力结构、潜能的大门。

心理学研究人类智能已经有100多年的历史，如大家都很熟悉的智商，在20世纪初就有了严谨、系统的理论和测评。而情商是心理学在智商、多元智能等智力研究基础上，对人类智力更具开放性的认识，代表了心理学在生命科学和教学实践上达到的某种学科成就。情商自被提出开始，就被定义为情绪智力，而笔者通过长期大量的心理学教学、家庭教育咨询工作、儿童EQ智能与口才教学等人类智能探索的实践，发现情商是情绪智力的定义，并不能满足现代社会人类对自我发展的要求，也不能更本质地体现人性本能的特质。情商是情感智力的定义，更符合人性的身心理本能与潜能，也更符合社会化要求越来越高、越来越多元的人类社会。

情商是人类的情感智力，由三个结构、一个重要意识组成（图1-2）。这三个结构分别是情绪智力、情感智力和情景智力，一个重要意识是自我意识。这四个部分并不是分裂的，而是相互存在、相互影响的，缺少了某一部分，不但智力结构会有欠缺、有短板，心理、个性与人格也有不足、遗憾、不健全，甚至扭曲、病态、变态。

情绪智力 + 情感智力 + 情景智力 + 自我意识 → 情商

图1-2　情商的智力结构

（1）情绪智力：包括感知自己、他人，以及人类之外其他生命体的情绪的能力，掌控情绪的能力。

（2）情感智力：包括爱的能力、同理心、共情能力、利他、自我教育、自我激励、抗挫折、自我实现、自我超越与领导力。

（3）情景智力：包括观察力、洞察力、联想能力、情景表达能力、沟通能力、互动能力、解决问题能力、逻辑思维、领导力。

（4）自我意识：包括自我认知、自我体验和自我监控。

这四项智力并不是单一存在的，而是相互影响、相互构成，统称为情感智力。

每个人都会有情绪，尤其遇到侵犯和侵害时，如果没有激烈的情绪反应，不但不是正常人，可能连生存的机会都没有。人们对情绪不能极端否定和压抑，把负面情绪视做洪水猛兽，要明白情绪在生存中的意义是不可或缺的。人们要学习的是如何觉知、疏导、调整、转化在日常生活、工作、学习中累积的各种情绪。帮助人们把负面情绪转化为生命发展的有效资源，这是较高层次的心理学工作。

需要引起注意的是，为什么遇到相同事件，有的人能够很快走出负面情绪和负面认知，而有的人却无法自拔？那是因为从我们出生开始，家庭环境、人际关系、经历的事件、接受的教育，潜移默化地塑造了每个人不同的情感特质、情感倾向性、个性特质和个性倾向性。情绪状态是最小、最不易把握的情绪单位，会随不同环境和事件而变化。但情感却是稳定得多的单位，如果今天喜欢这个物件或人，没过几天就突然不喜欢或产生恨的情感，这样的人不但很难相处，往往心理也不正常。人们自出生开始所培养的对人、事物、生活、世界的认知与情感，是人们个性和人格的基调。这个基调影响了人们遇到相同事件时不同的情绪反应。这就是为什么相同事件，有的人很快走出负面情绪，有的人却不能自拔、把负面情绪泛化、把事件扩大化和恶化。所以，开展儿童情商教学从培养美好的情感开始，这是生命的底色和基调，也是健康人格的塑造。

情感智力并不是舶来品，而是全人类共有的品质和天性，中国古代就通过优秀的文艺作品探索人类对情感智力的认识。比如，《牡丹亭》中这句经典"情不知所起，一往情深"，说的就是情感在个人生命里刻骨铭心的体验。情，既然不知所起，那就意味着不是刻意的、故意的，与目的、利益无关。在封建社会，婚姻不但是父母之命、媒妁之言，更加是家庭、家族、门派、党派利益纠合的工具，人被严重工具化、傀儡化，人性是泯灭的。不要说爱情是不可奢望的，连人的尊严、人最基本的权利都得不到保障。《牡丹亭》具有重要的进步作用就在于此，唤醒人性、唤醒人追求应有的权利与尊严。人为就是伪，"情不知所起，一往情深"，既然不知所起何处，那就不是人的意念、欲望所致，而是人的本性、天性、自然了。按照现代社会的文明程度，唤醒人的本性、尊重人的本性，不是奢望，尊重人的本性、帮助人类本性健康发展，无论对于当代、未来，还是对于人的自身、家庭与社会都具有无比积极的深远意义。由此我们可以知道，情感智力的探索在文学艺术中早已存在，并在现在与未来都是人类的生命宝库、创造的源泉。

无论把情商定义为情绪智力还是情感智力，首先都需要具有能够体验的能力，即自我意识的其中一项：自我体验。缺乏自我体验，掌控、共鸣、共情、同理心就是无本之木。儿童在10岁前的自我认知与自我体验，和成长环境不可分割，也与成人的尊重、引导不可分割，因为儿童的自我监控是比较弱的。如果在10岁前成人没有引导儿童的自我认知与自我体验，儿童的自我意识会很模糊，在潜意识中会以成人的评价代替自我意识，缺失儿童人格，在整个人生历程中人格会不完整，严重者会有人格障碍。

探索情感智力，其实质是探索人类自身，具有广义性，包括生物学角度的人、社会角度的人、家庭角度的人、工作角度的人、学校角度的人、情景状态中的人、独处状态中的人……情感智力对人类的探索，维度、层次是开放性的、无限的，这与多元化发展的社会对人类提出新的发展要求是契合的，也是必需的。"我从哪里来，我往哪里去"是人类的终极问题，无论人类社会处于哪个阶段，何去何从、自我该如何安放，都是人自我价值、自我存在不可缺少的探索。多维度、多层次地认识自我、探索自我，才能在多元化发展的社会有力地感受到自我的存在，寻找到自己的位置，发出光和热。人越能探索自我、尊重自我，按照现代社会的文明程度、开放程度，社会也会更加尊重人、发展人，这是良性循环、相互促进，是人与社会的共赢。

三、未来人类的智力称为情智

普遍用于全世界的韦氏智商测评有十二个分测验，每个分测验都具有不同的神经心理学意义或社会适应意义。智商和情商一样，反映的都是人类心理与大脑神经的功能。多元智能之父加德纳，通过智商测评的各项分测验所具有的不同神经心理学意义，帮助学习困难学生，探索人类智能，拓展了对人类智能的认识，其多元智能理论对教育影响巨大。情商之父戈尔曼教授在《情商》系列里，也多次提到加德纳的教学。笔者除开展情感智能教学外，也通过智商测评所具有的神经心理学意义，综合情感智力教学对学生的观察，更全面、客观地帮助学习困难学生、学习障碍学生，也发现了某些领域的天才学生。智商和情商都是心理学对人类智能的研究，智商是心理学100年前的学科成就，情商智能则是20世纪80年代神经学、心理学对传统学术的否定，大胆提出大脑思维模式的科研设想，并从科研、教学、社会研究、社会实践等各个方面进行了全面、科学的论证与实证。

情商比智商有着更广泛的神经心理学意义，情商是运用智商的能力，情商包含智商。人们常说"成功20%靠智商，80%靠情商"，这句话除了说明情商的重要外，还包括人有没有情商充分运用好智商的意思。智商如果没有运用好，水平就发挥不出来，如考试高度紧张，不懂情绪和心理调节，考试就会发挥得不好。一个人智商不高，但情商高，即使他的智商只有110，其高情商也可以把只有110的中等偏上智商发挥出最佳效果甚至潜能；如果一个人智商130（在智商研究领域，130代表智商非常优秀），情商一般，那他只能局限在智商130的成就；如果情商低，这130的智商还会往下降，只发挥出部分突出才能，其他方面的发展会受到抑制。情商是社会适应能力的智力商数，低情商者在社会适应、人际沟通方面往往缺乏灵活性。而高情商者则表现为具有整合社会有效资源的能力。社会资源整合能力是领导力的体现，社会适应能力也是创造力的表现。这就是为什么很多高学历者往往受聘于低学历者，因为创业者或许未必都是高学历，但具有敏锐的社会触觉、市场触觉、时代触觉甚至前瞻性，能够领导潮流的发展。这些触觉与前瞻性、领导力，就是社会性高度发展、社会资源整合能力强、组织能力强的表现。过去人们一直把智商和情商对立起来，那是因为人们对两者的关联缺乏认识，随着对人类智能的认识，相信很快人们就会正式称其为"情智"了。本书后面讲述的案例将会形象、突出地反映出人类智能的"情智"特点。

社会性高度发展、社会资源整合能力强的高情商者，未必一定是外向者，偏内向的人也同样可以具有这样的才能。所以，当读者使用本书进行教学，如果遇到内向或偏内向的儿童，不要轻易否定他们的社会性发展，给他们时间酝酿和表达，一些与生俱来思维深刻的儿童，他们的话语可能不多，却可以厚积薄发，在后面的学习中展示出各种潜能，如观察的细致性、感受的细腻性与思维的深刻性等各种优秀品质。教育纪录片《零零后》中的一一，她的社会性发展过早被成人否定，过度拔苗助长，对2岁幼儿造成了心理伤害和发展伤害。

四、探索人类的感知、情感、思维是共赢之路

人类在漫长的生存进化历程中，在恶劣的自然环境、弱肉强食的激烈竞争中，高度发展、进化了身体、感知觉器官与大脑智能。然而随着人类社会

的不断膨胀，人类对各种自然资源过度开发与掠夺，过度膨胀与自然资源的严重萎缩，两者的巨大不平衡，最终既是自然环境、生物在地球的消失，也是人类在宇宙的消亡。人类因高度进化而成为地球生物链的顶端猎手，如果高度进化是为了最后与地球资源、生物一起消亡，那一定不是进化的目的。在一次次生存困境、发展难题中，能够实现一次次自我超越和进化，才是人类的使命，也是大自然赋予人类独有的智慧与潜能。所以，在面对自然资源、生物资源的严重流失与人类社会膨胀的巨大矛盾中，人类这个顶端猎手该如何实现生存困境的突破呢？除了各种自然环境保护、生物保护、资源保护之外，还有一个非常重要、重大的发展命题，那就是回归人类自身，从这个问题的本源、发展的本源去探究，如身心、感知觉、智能等方面。从人类自身着眼，我们会探索到更宽阔与自由的道路，也是人类与非人类共生共存、共赢的地球进化之路。而因为人类智能的研究具有统领性，包含生命科学的很多方面，所以把身心、感知觉都统一到人类智能研究上会更加全面。因为目前心理学对人类智能的研究从科研、理论到实践，都能提供依据的是情商，所以本书把人类智能的进化，情商的研究视做人类与非人类共生共存、共赢之路。

丁海东教授在教育哲学著作《儿童精神：一种人文的表达》中写道，"儿童精神是每一个人的生命与成长的根基与渊源"，"儿童带着一种原始性的整体心智系统，以一种整体感知方式去建构与外界的联系，并实现自我与外界的联合。这种整体感知方式表现为儿童在活动中将所有的感官功能卷入其中，是视觉、听觉、动觉的全身心的投入与释放……"儿童的身心、感知觉，儿童的精神都是人类的本性、本源，也是进化的源泉与"活化石"。所以，我们客观观察了解儿童在学习、游戏、活动中的各种反应，就能在人类的本源、本性中探索自由之路。本书通过中国儿童在EQ智能与口才（表达）方面的学习反馈，真实而又客观地反映出人类这个本源与本性如何迈出爱与创造的第一步。对资源的无度掠夺，人类社会之间的恶性竞争，不可能走向共生与共赢，唯有爱与创造才有这样的可能与出路。创业者的敏锐性、时代性、前瞻性与领导力，突出地体现了情商智能在社会性发展方面的特质，如果人类在童年就能够在情感美育中，培育出健康的身心、美好的情感、良好的社会适应能力与创造力，那么人类前进、共赢、进化的道路，就走向更加无限的可能了。

所以，情商、情智是人类与非人类的共赢之路，探索这条自由之路的家长和教师，可以在教学实践过程中，细心观察、聆听儿童的各个细微之处，摒弃功利目的，客观了解人类这份珍贵的与生俱来的本性。

第二节　儿童EQ智能与口才

一、情感智力是能力

情感智力是能力，这是对人类智力认识的突破，笔者深入学习了智商在神经心理学研究中的意义，不仅仅将其用于智力测评，而是把智商实际运用到帮助发展学生的综合素质与综合能力的工作中。但人们的认识误区是，把智商与人的实践能力分割，造成人们对学习能力、学习意义的迷惘。过去智商概念也并没有非常明确地向人们传递出智力包含了能力这一重要要素，而情感智力不但明确必须包含能力、自我掌控力，而且还有循序渐进发展的过程。

现在是移动互联网时代，是重视和尊重知识产权的时代，也是以自身能力、实力、创造力获得发展的时代。过去的人际关系工作模式、小圈子已不能适应大时代的发展，也是对人创造力的扼杀。因家庭背景不同带来的不平等会越来越少，由情商和智商带来的社会性差异会越来越大。智商的极致是无我正见，情商的极致是无我利他，由家庭出身带来的不平等，是人格的不平等，是社会资源的恶性垄断；而由情商与智商带来的差异，是人自我成长能力的证明，这种差异体现了人格平等、社会公平的进步。所以，在科技高度、高速发展的时代，人类更加要认识和探索自身的智能与潜能。

二、情感智力的能力发展过程

体验能力是情感智力发展不能缺少的能力和品质，在培养体验能力的过程中，还要帮助儿童发展认知能力和掌控能力，这三项能力结构同样适用于成人的情感智力教学。如果我们有更深入的探索与提升，第四项能力是升华，升华后又可再次在生活中体验、认知、掌控、升华，如此循环，人的心智与人格将在磨砺、体验中逐渐强大与完善。当然，在儿童教学中我们不过于强调升华，能实现前三项能力的教学就已经非常难得、宝贵（图1-3）。

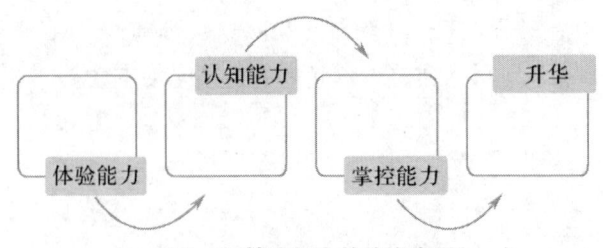

图1-3 情感智力的能力发展

本书第二部分的教学实践和儿童成长记录中，儿童能力实现了升华，这与笔者长期开展心理成长工作和教学实践，对儿童的观察与引导比较敏锐是分不开的。刚开始实践本书的教师和家长可以放慢脚步，以观察、聆听儿童为主，让儿童多体验教案中的童谣与故事，多绽放童真，对美好事物的感受和体验就是在积蓄情感智力的能量。

如果人不能体验自我与他人情绪、情感，缺乏对情景观察、理解的能力，就会堵塞自我与外界的沟通，也会堵塞与自我内在心灵的沟通。心理问题、人格障碍、社交困难、冲动行为、压力转移、人际矛盾等，这些问题的根本原因都是自我体验被堵塞。自我体验被堵塞源于过度或错误的自我保护，以及缺少可以为人们提供具有安全性、支持性的心理疏导。而儿童的自我体验被堵塞主要是家庭变故、伤害事件所造成的自我保护，另外就是错误教育和过分强势的成人观念、成人世界对儿童的压制。如果儿童在成长过程中自我体验一直是被堵塞的，对他们的心理、人格发展都是负面的影响，这也是最难修复的潜意识。很多人格障碍者都不乏出色的工作能力，往往受伤害最深的是他们的家人，尤其是家庭中的弱小成员。

谈一个真实案例，一个13岁的山区少年亲手杀死了6岁和8岁的两个孩子，杀人后还理性冷静地到这两个孩子的家中吃饭，试探家长是否已经获悉事件，被逮捕后还非常冷静地带公安干警到案发现场陈述杀人经过。一个13岁的孩子为什么能够这样冷静和冷血呢？为什么杀人不手软，在法制面前不惊惧呢？这就要了解他的成长历程了，母亲在他的幼儿期就离开了家庭，父亲忙于生计很少关注他、关心他，只有打和骂。幼儿期是儿童情感智力发展的胚胎期，他们要感受父母、家庭的关爱，让情感智力的胚胎受到滋养。而这个孩子的情感智力则被扼杀于胚胎期，在一个幼儿心中播下的是仇恨的种子，而严重缺乏心理支持的人际沟通又堵塞了这个幼儿自我体验、表达的渠道，无名的、强烈的仇恨挥之不去地笼罩于他生命的早期。所以，即使进入小学后教师循循善诱地教导，他也听不进去了，因为情感智力的胚胎早已死了，过分坚硬的自我保护体验不了、理解不了教师的关爱和教导。人性如果没有情感智力的土壤，道德、说理的教育就是无源之水、无本之木，生命无法在园丁的浇灌中生长。

三、情感智力与口语表达的关系

帮助儿童情感智力的发展、尊重儿童的情感发展非常重要。儿童EQ智能与口才的教学从小学一年级开始，这时候儿童的情感智力正从胚胎期迈向生长期（如果情感智力胚胎没有受损），就像种子开始冒出土壤时的状态。如果成人给予他们更多表达真情实感的机会，就会看到生命天性生长的过程。如果成人对儿童抱着过高的期待和要求，就会压抑、压制儿童敢于表达真情实感的勇气。越能化解人内心隐藏的负面情绪，我们的工作越能做得更好、更及时和更具深远的意义。

（一）情感智力的第一个发展层次是体验能力

儿童能体验、表达自己的负面情绪，这对他们是有益的。第一，让成人及时了解他们的真实处境，提供恰当的帮助和引导；第二，儿童是无邪的真我，这个真我需要被肯定、被接纳，才能帮助他们建构健全人格。愤怒、悲伤、生气、嫉妒等情绪虽然是负面的，对自己和他人具有危害性和伤害性，但不能因为这些情绪就简单武断地否定儿童，因为儿童的生命是柔软的，只要他们能体验、能表达，负面情绪经过成人疏导、理解、引导和支持，他们的生命会比没有经历过这种历程的人，更加有韧性、有力量。

（二）情感智力的第二个发展层次是认知能力

体验到了各种情绪、情感后如何认识、理解这些情绪或情感呢？比如，在教学中教师观察到儿童比较退缩，不敢尝试，可以询问儿童原因，如儿童回答是因为感到困难所以害怕，这就是儿童能体验自我情绪的情感智力。这个时候如果成人能接纳这份情绪，儿童的自尊心、人格、自我价值感就受到了爱护。当然，教育不是纵容儿童的畏难情绪，当儿童能这样体验自我、表达自我时，也正是教育的重要契机。教育者可以引导儿童尝试深入的思考，比如，你遇到的困难有哪些？你认为哪些是自己可以克服的？哪些是需要求助的？这些既是对儿童情感智力认知部分的启迪，也是对儿童自我认知发展的启迪。

以快乐情绪（情感）为例做认知能力的讲解，如果儿童表达在学习过程中感到很快乐，教育者可尝试引导他们详细讲述感到快乐的原因。如果儿童回答是和同伴的相处、合作，战胜了困难，所以感到了快乐，那代表儿童的认知能力、个性、社会性、情感智力都在健康成长，这样的认知也塑造着长远的抗挫折素质。如果儿童回答是因为受到了教师的夸奖，得到了好的名次而快乐，那代表儿童过于依赖外在评价，对他的学习能力、内在自信、抗挫折素质的发展负面多于正面，遇到这些情况教师可以引导儿童回到事件本身、学习过程的本身进行快乐情绪的认识。

（三）情感智力的第三个发展层次是掌控能力

我们首先要明白掌控情绪并不是压抑情绪，压抑只是情绪处理的其中一种方式，并不是解决问题的方式，对自我、事件都有隐藏的伤害和危机。当情绪长期没有疏导的途径，过分压抑，累积的情绪垃圾就会像个膨胀的定时炸弹，遇到某些事件就会引爆。比如，乘客因坐过站而情绪激动，完全失去理智去抢司机的方向盘，这些激烈情绪的形成并非一朝一夕，坐过站只是导火索。掌控情绪是指具有积极正向意义的处理情绪的方式，如恰当表达、平等开放的沟通、理性的思考和分析、懂得寻求有利资源的帮助等。

以学生遇到学习困难为例进行讲述。传统教学模式、非情景教学模式，让低龄儿童认识、讲述自己遇到的困难是比较难实现的，因为他们的认知能力、语言表达能力还很有限。而混龄教学，尤其是情景教学则为儿童提供了认识困难、分析困难、克服困难的成长平台，开放性的教学对儿童自我认知的发展，积极主动人格的形成具有非常重要的作用。比如，提供开放性的情景，让儿童通过自由联想与合作，共同完成教师布置的任务。在儿童合作解决问题的过程中，现实情景为他们提供了识别困难的机会——哪些是自己可以尝试挑战的，哪些是可以通过观察、聆听去学习的。勇敢是非常重要的心理品质、个性品质，但勇敢并不是鲁莽，还包括耐心和智慧，观察与聆听就是耐心和智慧在行动上的具体体现。混龄教学、情景教学为儿童提供了相互学习、相互合作、相互帮助，通过他人、团体逐渐认识自我、提升自我的成长机会。这些学习并非只会停留于课堂上，儿童有能力实现转化，在其他学习与生活中应用。

对于儿童来说，口才并非成人化、庸俗化、工具化、利益化，而是尊重儿童的生命本性，帮助他们表达内心的真情实感、表达他们对世界的探索与认识，展现儿童的精神世界，帮助儿童精神世界的发展。人类的心理、精神疾病，极大程度是因为在成长过程中，儿童的精神世界荒芜、被摧毁，儿童的人格枯萎，所以儿童教育意义深远、重大。另外，中国语言的诗性逻辑也非常值得我们重视，在开放性的提升情感智能的儿童口语表达平台，我们有机会让中国语言的诗性逻辑再现。

四、情感智力可与各学科结合，实现潜能发展

情感智力教学可以是纯粹的情商体验课，也可以和多学科或其他智能结构结合。比如，本书就是情感智力与口语表达、社会性发展与创造力的结合。本书教学实践部分细致地建构了情感智力的教学步骤，可作为各科教师的教学参考。各科教师均可提供开放性的教学平台，尝试把情感智力融入教学，多观察学生、聆听学生，鼓励创造和培养抗挫折素质，而非为答案而聆听，我们将会发现人类的潜能，以及生命更多的可能性、可塑性。

五、情感智力是天赋潜能与抗挫折教育共同开展的教学平台

掌握儿童期各方面成长的平衡非常重要，如既要帮助儿童健康发展、潜能充分展现，又不能让他们的自我过分膨胀。澳洲曾开展针对资优儿童的教育研究，这些儿童都不超过13岁，但都在很小的年纪就展现了各自卓越的才华。研究者提供了开放性平台和客观记录的方式，去观察、聆听这些儿童是如何展现自我、展现潜能的。虽然孩子们过人的才华让人们惊讶，但无论研究者还是家长都始终抱着理性与怀疑，他们会思考：现在是天才就代表以后会成功吗？在他们要谈恋爱的时候，还会热爱音乐、热爱绘画、热爱舞蹈吗？还会像现在这样刻苦吗？他们会放弃吗？如果在他们的认知里从来没有过失败，那么现实已经告诉我们天才会陨落。这些并不是杞人忧天或对儿童的打压，研究者和家长都从恰当的、开放性的角度去探讨这些问题。儿童的成长、未来的发展，最终体现出来的不过是成人心智的成熟程度，如果成年人只看到儿童眼前的天赋，对他们的天赋只有称赞和掌声，让儿童自我过分膨胀，不过是对天才的摧毁。情绪的掌控具有多维度，负面情绪如果得到有效处理

可以转化为生命力量、内在坚韧的人格。而乐观情绪也需要智慧的掌控,盲目乐观会造成儿童过度的自我膨胀,失去抗挫折能力和良好的社会适应能力。所以,情感智力教学意义重大,混龄的团体教学,让儿童有机会接触到不同年龄、生活与学习经验的孩子,在游戏、交流、创造中互相启发和帮助,既引导、发展了儿童的天性潜能,又培养了他们的抗挫折能力、不卑不亢的社交能力。澳洲资优儿童的研究者、家长就是在这样教育探索的过程中,探索因材施教的道路,孩子们的天赋、成长带领着研究者、家长前行,而研究者与家长客观理性的怀疑,则让教育始终不偏离正道、不浮躁,慎重前行。天赋、潜能发展与抗挫折教育并行是当今人类共同探索的教育主题。

第三节 混龄教学与社会性发展

一、人类爱与自由的天性体现在社会性发展的过程

儿童的社会性发展是非常困扰学校教育与家庭教育的大难题,纪录片《零零后》真实记录了不正确的儿童社会性发展教育,造成了儿童进入青春期后患上社会恐惧症、自我价值感缺失等多种心理与个性问题。错误教育的后果是惨痛的,既造成人才的损失,也造成了现在与未来、家庭与社会的潜在危机。研究儿童的社会性发展,以及提供恰当的社会性发展成长平台,是多元化社会发展的迫切需要,更加是人才培养不能忽视的重要教育领域。

人的社会性发展是心理学命题,也是心理学帮助人们发展的重要领域。在传统认知中我们知道,人首先是自然人,然后是社会人。过分强调自然人,不学习,人是野蛮人;但如果过分强调社会人,忽视自然人的天性,人性会僵化、教条,走向真善的另一个极端——伪和恶。随着心理学对人类的深入研究,心理学这样定义人的社会性发展:它是人的社会性心理特征的发展,除了生理和认知以外的心理特征,许多被称为社会性的东西并不是心理层面的因素和特征。社会性发展更不能脱离一定的社会场域和情景,离开了个体的社会关系和实践,任何社会性都是子虚乌有,更谈不上社会性发展。

心理学的社会性发展是指人的社会性心理特征的发展,而被人们广泛以为是社会性的东西却不是心理层面的,如道德层面、约定俗成、法律条文等的规范。这个定义传递出了非常重要的信息,即心理学肯定了人具有与生俱来的自然的社会属性,来自外在评价、道德、法律条文所灌输、施加的并不

属于心理范畴的社会性。所以，如果我们开展人的社会性心理发展的教学，是着重帮助人与生俱来的、自然的社会心理的发展。如果过分强调外在评价、道德、法律条文是人的社会性，那会压抑了人与生俱来的心理层面的社会性；如果误解了外在评价、道德、法律条文才是人社会性的全部，那人性本有的善恶判断能力、道德潜能就会被扼杀，因为过于压抑，反而走向了另一个极端——伪和恶。只能做道德评判的人往往是弱者，解决不了实际问题。大量教学实践研究发现，儿童具有与生俱来的心理层面的社会性，在动态的情景实践、游戏学习、开放性解决问题、开放性表达自我的过程中，他们能够在心理层面自觉发展出对纪律与自由，自我与他人之间矛盾的认识、理解与掌控。压抑、压制儿童，童心不长，童心不长人格也不会长，太多的批判教育、惩罚式教育，更加伤人、毁人。教育是让人在接受教育的过程中，逐渐获得爱与自由的能力，爱与自由是心灵的温度、力度、韧度和张力，而这体现在人的社会性发展的过程中。人工智能、机器人能够模仿、复制人类的智能与情感，而人类在漫长的成长、学习过程中，逐渐获得的爱与自由的能力和心胸，不但科技、机器难以复制，对于人类来说也是既永恒又崭新的诗篇。

人类永恒的灿烂天性——爱与自由，体现在社会性发展的过程中。

二、社会性发展必须具备的教学条件

社会性发展离不开社会场域和情景，离不开社会关系和社会实践，所以体现社会性发展的教学必须要有两项前提条件：第一，教学具有情景性（或社会场景）；第二，教学需要提供人际关系建立、互动、解决问题的实践平台。儿童EQ智能与口才教学系列提供了这两个重要的前提条件。网络化、电子化的人际沟通、问题解决，虽然在某种层面来说更加便捷和快速，但因为欠缺了现实性的人际互动情景，人性重要的能力、潜能、社会性发展也受到了遏制和损伤。人工智能科学家过去一直认为情景智力暂时是人工智能无法实现的，但随着5G手机和5G网络的诞生，情景与场景也已经成为开发、应用的领域。所以，人类重视自身情景智力的发展及其研究与教学是必需的，也是尤为重要和迫切的，在进化的角度有益于人类的生心理素质和智力素质的提升。后面章节我们会深入探讨情景智力。

人的社会性发展第一个条件是社会场域或情景，团体互动性质的教学都提供了这样的条件，如各种球类学习，除了个人的技术性学习外，因为还需要互动、合作和解决问题，无疑为人的社会性发展提供了条件，但提供了条件并非等同实现了人的社会性发展。而情感智力教学不但为人的社会性发展提供了条件,也是教学的主旨,原因如下。

第一,在儿童团体合作解决问题的过程中,教师有意识地帮助儿童促进自我意识的发展,而非过分看重教学目标。

第二,除了自我意识,教学还引导儿童通过合作中遇到的各种难题、挑战,探索自我与团体的关系。

混龄教学在人的社会性发展上是对传统教学的重要补充,儿童因为有机会接触不同年龄的孩子,共同学习、合作,对他们的人际认知、自我心理的发展都非常有利,不会过分自卑或自大,不会欺凌弱小或害怕强势。

在混龄教学中,儿童的心理素质、情感智力的发展与年龄没有绝对关系。如果婴幼儿期儿童成长于温暖、和睦的家庭,即使一年级儿童的心理素质,也会比家庭问题多、家庭矛盾多的三年级儿童好,情感智力也一样。这是情感智力教学能实现混龄教学的原因,所谓起跑线,其实是家庭赋予儿童的身心素质与情感能力。另外,不同年龄的孩子在合作、互动中因为生活经验不同,有了更多分享、互相学习的机会,对他们的社会性发展具有多重意义。

如果一个学生的社会性发展良好,学校、家庭、社会又能给予适合其年龄发展的社会实践,从青春期开始,学生就能以积极的心态去参与社会实践,而不是未参与就抗拒、恐惧社会,或以各种青少年问题,如抽烟、逃学、早恋等不当行为错误标示自我的独立。到了高中后期青年期开始,一个社会性发展正常、良好的青年人,其学以致用的社会实践参与感不但很强,对未来大学与社会工作的各种人际沟通学习都具有主动性,同时对社会发展、各种矛盾都能有自觉和深入的思考。比如,2019年高考语文就考查学生信息整合能力,自我意识,自我与时代发展的关系。这些既是综合素质,也是引导人的社会性发展。

引导人的社会性发展,其意义并非仅仅为了基本的社会适应和为未来找份工作。社会性发展良好,在人格意义上代表亲社会,与反社会是截然不同的两个人格维度。亲社会人格会随着学识、实践的积淀,个人生命的逐渐成熟,体现为大爱、公平、正义的能力,而这些能力与创造力、创新力、洞察力也具有紧密的相关性。

第四节 思维力与创造力

一、被忽视的情景智力

思维是人脑借助语言对客观事物、客观情景的反应和思考过程，思维以感知为基础又超越了感知的界限。思维涉及所有认知或智力活动，而通常情况下人们都偏向思维能力中的逻辑推理能力，客观情景的认知、反应和思维过程是没有被人们认识到、重视到的。然而如果忽视对客观情景的观察力、分析力的培养，人的智力结构、心智发展将会有严重缺失。由于情景智力一直被忽视，所以儿童的独立能力、观察能力、人际交往的培养也被忽视，即在上一节中谈到的情景智力与社会性发展具有相关性。目前能让大家对情景智力具有直观理解的例子是《非诚勿扰》这个节目，女嘉宾因为较长时间适应了情景人际互动，观察力、自我认知、表达能力、对异性的洞察力都大幅提高，就如孟非说的她们在成长，而只有一次上台机会的男嘉宾无疑就缺少了这样的成长机会。情景智力与逻辑推理思维不是割裂的，情景互动、情景问题的处理，让人们的逻辑、抽象思维建立在了感知与实践上。建立在观察、感知与实践上的逻辑思维能力，通过长时间的磨砺，就会发展为敏锐的、非说理式的洞察力或直觉力。而对于儿童来说，做家务非常有利于他们逻辑思维的发展，通过感知与实践的长期磨砺，这样的逻辑思维不但可以潜移默化地转化到学业和未来的工作能力中，对独立人格的培养也起到重要作用。所以，家庭要给儿童独立处理自己的事情、帮助处理家务的成长空间，否则会造成学业能力、工作能力的欠缺，更重要的是人格的欠缺。

二、思维力与感知觉的关系

思维培养要以感知为基础，即思维力的培养离不开感知觉的综合协调与运用，离开了感知觉的培养，生硬灌输、大量做题，思维不但僵化，也远离了生命的本质、本源。而情景实践中必需的观察与聆听，就需要学生运用人类重要的感知觉——视和听，本书还包括了说、语音、表情、肢体表演、角色扮演、情景变化等，是更多元、更综合和高层次的感知觉的综合运用。多感官综合运用的教学，应是现在与未来教育要为人类发展做出的贡献，也是非常重要和有意义的探索。以下通过生物学家对动物的进化研究，来了解多感官综合运用的教学在人类发展中的重要意义。

三、创造力是人类的本能、本性

生物学家通过长期细致地观察各种动物的自然生活，了解它们的生存、发展与进化，发现动物感知觉器官的充分运用，对它们的自然捕猎、适应恶劣的环境非常重要，感知觉器官越能充分运用，物种的生存、进化、环境适应能力就越强。相反，如果动物长期被圈养，自然捕猎本能退化是明显的，感知觉器官的退化后果则更严重，会引起物种的退化、消亡。所以，现在动物园对动物的饲养也引导动物回归本性，让它们能够尽量在仿野生的环境中生存，让动物自己寻找食物、猎捕食物。

对于所有生物来说，饭来张口一定不是正确的教养方式，人类祖先也是在恶劣的自然环境中，通过捕猎而生存、发展、进化的。而人类因为自身生理的各种特质，捕猎不像动物那样用爪子、牙齿撕咬，当然如果人类祖先这样愚蠢，人类不但不可能成为地球生物链顶端的猎手，也早就不存在于地球上了。人类祖先在大自然的恶劣环境、捕猎竞争中，已显示了与其他动物在本能、本质上最大的区别——创造力，即能够运用各种资源创造有利于自己的生存环境。比如，制造捕猎工具，生火、用火，用动物皮毛制造衣服，等等，都显示了人类祖先具有与众不同的创造本能。虽然人类祖先没有留下文字书籍去谈这些伟大的原始发明创造的心理历程，但这些原始的创造力，已证明了人类祖先在生存探索、实践中，发展出了逻辑推理智能。所以，创造力与逻辑智能并不是矛盾的，创造是生存的本性，创造需要生活的启迪与生活实践，创造需要联想，创造也必定经过了严密的逻辑推理，否则创造不但不能在实际中应用，甚至滑稽可笑或造成各种恶劣的后果。现代教育重视学生的逻辑智能，也应同时重视对创造力的培养。没有创造力，逻辑智能会停留、僵化在理论和做题上，带来智力结构的缺陷，也会带来心理与人格的缺陷。教育、教学如何对学生进行思维力的培养是很大的智慧，本书除了充分考虑到对思维力与创造力的培养外，两个教学单元分别有不同的发展任务，引导儿童在天性成长中，思维结构、心理结构、人格结构都发展得更完整和具有张力。在思维力与创造力培养的同时，更充分考虑到健康心理与人格的建构，这就是现代的情商教育。

虽然经历了几千年的发展，人类已经创造了大量知识，我们可以在海量图书里获得大量滋养，但不要忘记人类祖先是如何生存、进化的，人类才不会在安逸中、科技发展中退化。创造力，就是在生存发展中不断唤醒人类这份本能、本性。教育的探索、教育的重要之处，就是为养尊处优、丰衣足食的人类，重寻回归本性、发展本性的舞台。

有一个幼儿园的实际教学案例恰如其分地体现了这一点。有一次因为刮台风，幼儿园附近的一棵大树被刮倒了。幼儿园教师把握住这个体验自然、在大自然中实践的机会，让孩子们仔细观察大树倒下后露出的树根、树干、树枝和树叶。这种充分把握了天时地利契机的教学，让孩子们对大自然的观察学习不但兴趣盎然，而且还能够快乐玩耍，如钻树洞、爬树干等。一个5岁的男孩子激动地说："爬树干的时候感觉到自己是只猎豹。"聆听孩子是重要的，因为童心真诚、童言无忌，儿童之本质也是进化之本质，这个孩子在大自然的游戏中感受到了生物的自然本性、生存本性。而人类是地球生物链的顶端猎手，只要人类还是生物性质的人，那这份生存本性、本能在生物基因里就没有改变。在科技高度发展的人类进化的纪元，人类的猎人本性应该有怎样的突破与演化呢？相信这是一个非常耀眼夺目的发展命题。

幼儿园因台风所赐予的大自然教学，是一个很偶然发生的学习场景，教育之难就是怎样在四面墙的教室既为学生提供知识的启迪，又让学生回归本性。而多感官综合运用、身体语言运用的游戏学习、互动学习、实践学习、体验型学习，就是很好的途径。一个四年级学生曾经在一节儿童诗歌教学中这样谈她的学习感受："当我朗诵这首诗时，我用我的心去朗诵，我发现教室的四面墙消失了，我看见了大自然。"童心是真诚的，童心不会说谎，当学生的学习状态是这样的时候，其学习动能（情感智能）、学习能力是发展得非常好的，其内在自信也建立得非常好。

随着人类发展的巨大进步，创造力不但是国家对人才培养的引导和鼓励，也是人类自身发展进化的必然。人们需要重新认识思维力，不能只局限在文字、习题的推理。运用感知觉观察、实践——实践中领悟——实践中创造——传播，才能推动思维力与创造力的发展。

人类灿烂的永恒天性：感知、观察——实践——思维——创造——传播，体现在生存发展的过程中。

第二章
生命教育

第一节 心灵，通向生命教育的探索

一、心灵，等待探索的生命世界

随着科技的巨大进步，人类回归自身探索，发现自我、发现生命、发现潜能是我们新的成长任务。不少领域的专家对人类大脑的思维模式都做了很多深入探索，并成功运用到了人工智能领域，语言学也正式被人工智能应用，赋予人工智能识别情感、表达情感的功能，使其通人性，并具有"人格"。而除了情感智力、创造力、身心智能，人工智能暂时不能代替人类之外，人类还有哪些领域不但人工智能不能取代，同时更等待着人类自己去探索呢？是心灵，还有心灵世界等待着人们去探索。心灵是人类生命的种子、是人类世界的宝库，不但是生命科学探索的领域，更应是教育去发现、认识的领域。当教育达至心灵，教育就是生命的教育，实现了人类灵魂工程师的使命。

二、人类与人工智能的本质区别

随着人类社会多元化与科技的发展，人类社会除了人类自身之外，与人类共处、共同生活发展的还有人工智能与虚拟人（图2-1）。人类的社会化、社会性发展需要随着科技的发展而扩展，除了线上线下角色的转换外，还有与机器人和虚拟人的相处。一些儿童、青少年甚至成年人，因为现实环境缺乏符合他们心理需求的支持和互动，而在互联网的虚拟人物、虚拟游戏、故事中寄托自我，造成了现实自我存在感的缺失、自我角色丧失等各种心理问题或障碍。互联网虚拟角色对儿童、青少年产生强烈吸引，是因为虚拟角色非血肉之躯，只要接上电源，连上网络，它们就有着无穷的活力，符合青少年成长的生心理特性，也可以填补成年人心灵的空虚。对于儿童和青少年来说，由于他们的心智、大脑神经网络都在发育中，如果长期与虚拟角色互动，缺乏现实人际的学习，心智与大脑神经网络链接的缺失是很难修复弥补的。这也是新型冠状病毒肺炎疫情期间，限制中小学每天线上学习时间的主要原因。互联网是现代人不能缺少的非常重要的部分，在某种意义上，我们都是网中人。帮助现代人实现线上线下角色的转换，增强自我存在感、自我角色的掌控应是现代教育新增的内容，也是家庭、学校和社会教育共同探索开展的课程。本书对于现代人各种自我角色的转换具有学习与应用的意义。

人工智能	人类	虚拟人和现代机器人
优势智能：逻辑推理与计算	优势智能：情感智能 身心智能 创造力	情感能力 身体语言能力 交流能力
目前的开发领域：情感能力 情景与场景	等待科学实证的领域：心灵	制造者赋予其"人格"

图2-1　人工智能与人类智能的结合创造了"新人类"——虚拟人和现代机器人

人类的情感智能、身心智能、创造力是生命科学、教学实践都能探索到的领域，然而心灵呢，这是一个看不见、摸不着，又事实存在的广阔的生命领域，但目前科学还不能完全实证它的存在。我们不能因为科学暂时不能实证就否定它的存在，发现问题、提出问题是科学探索的开始，保持开放之心、探索之心、发现之心是宝贵的品质。有文献认为，心灵是精神气体，存在于大脑、心脏及身体的各细胞，但又不像物质器官那样以实像呈现，虽然存在于身体各个极细微的部分，但又不具体属于物质身体的哪一个部分。假定这是人类更深层、更细微的生命体——精神身体，人类除了可见的物质生命体之外，还存在更精细的精神生命体。如果在成长中精神生命没有受到重视、没有受到培育和滋养，人的精神生命就会贫乏，甚至会夭折，所谓行尸走肉就是这个意思。

三、婴儿的存在境界

我们用婴儿①的生命状态直观地讲述这个精神生命体。婴儿除了刚来人世的头一个月内，因为器官发育的原因，一般不能表达喜悦、依恋的积极情感之外，在生命的前三年，婴儿对外界的反应都发自自然，尤其当抚养人、抚养环境提供的是温暖、积极、关爱、鼓励的情感时，婴儿的良好情绪、积极情感都发乎自然，如灿烂、无邪、纯真的笑脸，喜悦时手脚会一起动等。儿童心理学家、教育家皮亚杰认为，在生命的头三年，婴儿处于感知运动阶段，不具备逻辑思维能力，他们以心灵生命，整个身心感知世界、反应世界，和空谷回音的本质是一样的。心灵生命比物质形态的生命体更早成熟，也更早以完整的方式表达对外界的认知和情绪，人具有与生俱来投入全部身心去感知、表达的能力。归结来说，能以完整方式反应世界就是心灵的特质，这一点比较接近格式塔心理学（完形心理学）的理论。

尼采把人的精神境界分为三个层次：

第一境界是骆驼，忍辱负重，被动听命于命运与他人的安排；

第二境界是狮子，把被动变成主动，由你"应该"到"我要"，一切由我主动争取，主动负起人生的责任；

第三境界是婴儿，一种"我是"的状态，活在当下，享受现在的一切。我们观察婴儿，就是了解、感受生命自我存在的自然状态。

儿子出生7天时的一幕深深地烙印在笔者的记忆里，因为婴儿的学习能力太让人震惊了。那时笔者顺产刚出院回家，爷爷抱着这个只有5斤2两的小婴儿，尝试让他拉便便，虽然我们都不知道他是否有这个需要，只是希望他感受下、学习下。笔者对着小婴儿说："嗯、嗯……吧，用力。"说了没几句，小婴儿就握着小拳头发出"嗯、嗯"的声音，小脸蛋因为使劲，五官都拧在一起了，脸也憋得红红的。笔者很惊讶，因为只是尝试而已，并没有期待一个7天大的初生婴儿能学会。他听到妈妈的声音，以空谷回音的本性去回应，而事实上吃喝拉撒就是所有生命体的自然本性。家庭教育教会孩子的自我接纳，首先就是要接纳他们吃喝拉撒的自然本性、存在本性，帮助、教会他们独立地吃喝拉撒。如果生理上不能独立自理，学习能力是不可能在这个生命

---

① 人格心理学家埃里克森根据人的心理社会性发展创建了人格结构理论，0~18个月是婴儿期，18个月至3岁是儿童期，3~6岁是学龄前期。本书为方便读者阅读，且主要探讨年龄阶段是小学一年级至小学三年级，所以暂且根据儿童心理社会性发展的倾向，把0~3岁儿童的心理社会性发展归纳为婴儿期。

体中自然建立和发展的。家长可参考心理学的人格发展理论和婴幼儿育儿常识，循序渐进地教会儿童在学龄前独立地吃喝拉撒。在笔者的学生辅导个案中，也有过学生在幼儿期或小学低年级阶段，由于大便没有处理好，大庭广众下出了丑，从而累积了心理问题。由于没有得到及时的疏导和引导，加上学习和家庭压力等原因，学生在青春期开始出现严重的心理问题。

四、身心智能是探索人类生命潜能的教学

随着儿童大脑、身体各器官的发育和成熟，儿童对外界的探索能力、认知能力有了广泛的发展，这时候成人反倒忽视、扼杀了儿童与生俱来的精神生命体具有的完整反应世界的能力。在儿童的成长中，成人往往会施加各种规条、规矩、苛求、恐吓，约束儿童对外界的好奇和探索，而不是思考为儿童提供可让身心探索世界的安全性环境与鼓励性的启蒙。成人思考的角度不同、养育方式不同，儿童的个性发展去往不同的两端（图2-2）。

自卑　恐惧　胆小　　　　自信　勇敢　探索

图2-2　儿童个性发展的不同方向

另外，传统教学方式只关注教学展示、讲解、做题和成绩，也割裂了人的身心，教学能关注学生思维的过程是非常大的进步，如果教学还能重视、活跃儿童的身心智能，那么不仅为儿童的天性成长、身心健康带来福音，教育者也会通过对儿童身心语言的观察，了解到儿童成长中潜在的问题或天赋潜能，及时提供各种对应的帮助。而对儿童成长的客观观察也是教学研究与人类研究极好的素材。

我们需要拓展对身心智能的认识，不要停留在体育项目才是对身心智能发展的认识上。身心智能是很宽阔的领域，如现代舞身心合一的自由艺术就是身心智能的体现。中华小姐冠军卢琳，评委对其拉丁舞表演的点评是：她的身体语言、表现力体现了生命的流动性。这就是身心智能高度展现的体现。

各个学科也可以融入身心智能的教学，如动手做实验就需要身心智能的参与。本书通过角色扮演的朗诵游戏、故事游戏，让儿童通过自己的理解去扮演，这样的教学方式、互动模式，对儿童的身心智能、心智发展意义很深远。比如艺术大师卓别林，他的童年就是和妈妈一起玩角色扮演的戏剧游戏，虽然家境贫寒、生活压力很大，但妈妈还是给了卓别林一个快乐的童年。她在工作闲暇就和卓别林一起观察街上的行人，模仿不同行人的行为、表情特点，然后一起创作故事、表演故事。这样的亲子游戏没有任何目的性、功利性，但这些发自内心的童年亲子游戏，却奠定了卓别林的艺术大师之路。即使妈妈后来在生活重压之下患上了精神疾病，也无法撼动童年亲子游戏对卓别林的重要影响。就如高尔基所说，"没有母亲，既没有诗人，也没有英雄"，这是真理。教师应用本书开展教学，如果条件允许，也可邀请家长参与到儿童的游戏学习中，鼓励家长放下成人角色，尝试以童心和孩子一起创作与互动。

教育的本质是让生命获得生长，除了物理生命体的生长之外，在人工智能都具有了情感、人性、人格功能的今天，人类更加要关注自身精神生命体的生长，否则人真的会被人工智能、虚拟人打败，网络游戏成瘾被世界卫生组织正式列为精神疾病，说到底就是人的精神系统、自我意识，被网络虚拟人、虚拟世界、虚拟游戏打败。对于语言表达、思维、自我意识还没有足够成熟的儿童来说，身心智能的教学模式无疑是非常好的平台。

人类婴儿期以完整的身心并用的方式反应世界，证明人类的精神生命体与生俱来是俱足的。随着物理生命体开始长大、逐渐成熟，大脑被灌输越来越多的规条、道德，身心发展却被压抑了，不能像婴儿期、幼儿期那样空谷回音似地感知世界、回应世界。在校外培训、升学应试、兴趣班过度开展的岁月，笔者除了教学，还开展了科学育儿、因材施教、理性报读兴趣班等教育讲座，儿童、青少年的心理辅导，家庭教育指导等工作。因为对儿童承受的来自各方的不合理的身心压力感同身受，所以连梦里都看见一个5岁男童去医院治病：他的头很大，5岁的身体，12岁的头，长着一张老气和愁苦的脸。笔者问他得了什么病，他说他患脑瘤了。梦是另一种真实，以更具洞察力的方式，让我们看见自己与现实世界、与他人的沟通。除了本书记录的工作，笔者还开展了其他心理学工作，比如梦的研究，帮助心灵成长者通过梦实现心理疗愈，探索新的创作灵感等。

随着人的长大，如果教育方式不恰当，物理生命体与精神生命体会向两个相反的方向发展，大脑坚硬、顽固、教条，导致身心、精神生命失去灵性、柔性和韧性。如果精神生命体长期与物理生命体的发展割裂，远离精神本我，不但是人自然素质发展的损失，也是人类患上各种精神心理疾病的根源。关注、重视儿童的身心健康、身心智能、精神世界，就是关怀、重视、发展人类的自然素质和精神生命。广州一些大学成立诗社鼓励学生进行诗歌创作，理科男学生说诗歌创作让他感受到了自己的灵魂、丰富了自己的灵魂。无论科技、科学如何进步，语言教育、语言学、语言表达，对人类回归心灵、回归精神本我都具有不可缺席的重要地位，也让理科人才在智能结构上更完整，思维更具韧性与张力。

  本书为发现、了解、发展儿童的精神世界，提供了教学方法的参考。摒弃成人道德灌输的情感启发、美育、实践、游戏的教学，儿童的精神、人格、能力、综合素质会像树苗一样柔韧地生长。玉石大师对玉的品质的评价："它是硬的，但却是脆的，一摔就烂，所以要小心保管。"对于人类来说，坚硬顽固的个性、僵化教条的思维模式，会造成既骄傲，抗挫折能力却很低的人格两面性、矛盾性。坚强不是坚硬，坚强包含了生命力、生长力和抗挫折素质，本质来说具有这些特质的坚强应叫坚韧。

  总结来说，心灵就是精神生命、生命的本性，身心智能的教学模式为探索人类的心灵世界、精神生命提供了教学平台，探索、了解人类的这种生命形态。思维是大脑的思考能力，同样属于精神领域，如果大脑的思维品质脱离了生命之源——心灵，人就会出现心脑分裂、身心分裂的情况。比如，儿童做作业心里却想着玩，那是因为他们的心脑不一。玩中学、学中玩，是帮助儿童心脑合一、身心合一的教学方式、成长方式。心灵生命包含了大脑思维的发展，越丰富的心灵品质越有利于大脑思维的发展，思维教学不但不能割裂、忽视人的心灵和身体，而应更加关注这两者，以身心健康为前提，才能在有血有肉的生命体上培育出智慧之花，而不是机器。

  人类永恒的灿烂天性——生命力，体现在身心、精神、灵性、创造力等众多层面，而生命的种子是心灵。

第二节　心灵的思维领域

一、不能忽视的心灵思维领域

  大脑的思维方式很多书籍都深入探讨了，虽然心灵在各个领域都被意识到、讲述到，然而心灵的思维模式却没有被系统整理过。本书通过笔者在儿童教学中的观察、聆听和记录，总结了心灵可达至的思维领域。如图2-3所示，心灵的思维领域包括自我认知、形象思维、想象思维、情感思维、艺术思维（诗性逻辑）、身心智能和创造思维。

图2-3 心灵的思维领域

心灵（本书提到的心灵也指身心）的思维方式，与人们已经探索到的大脑思维方式并不具有相反性，只是其包含面、探索面更广——包含大脑与身体，而人工智能与虚拟人比较难实现的正是这一点。虽然人工智能与虚拟人也可以具有身体，但生命体的微细胞、基因，以及生长历程是精细、复杂的，包含、隐藏着大量信息。在人工智能与虚拟人的冲击下，人们回归更细致、细密、全面、深入的自我观察、自我觉察是重要的，否则在浮躁中，精神心理疾病的发生率会持续增长。

心灵会思考吗？身心会思考吗？答案是肯定的。如上一节谈到的婴儿以全副身心反应外界、表达自我的生命状态，婴儿是会思考的，只是思维方式不是人类大脑功能特有的语言和逻辑。但我们不能因为婴儿还不能以语言、逻辑去思考就否定了婴儿的思考方式，而是要更加重视、观察、了解婴儿是如何与世界互动的。婴儿是生命的本源、生命的种子，人类要观察、认识、了解、爱护这颗种子。既然婴儿期人类能够以全副身心、表情、情绪、情感去反应外界、表达自我，那尊重和帮助人类生命种子的继续生长，提供既具安全性又具探索性的成长环境、教育环境，让儿童在游戏、学习中综合地运用到肢体、语言、表情、情感，他们就不会随着年岁的增长越来越割裂、远离原初本我，心理结构就不会有断层，教育也不会有断层。

二、无意识是人类的巨大潜能，生命自由发展之路

0~3岁婴儿期在心理学中的意义、人格意义就是原初本我，随着动手能力、行为能力的增强，婴儿期、幼儿期，儿童时常会以无意识涂鸦、自发性游戏表达自我，这些无意识的自发性艺术、玩耍，其实就是婴幼儿期本我的生长。无意识是巨大的潜能领域，人因为具有未被开发的神圣的无意识，在久远的人生发展中才具有巨大的潜能，有机会获得生命的自由发展。无意识并非没有半点意识，而是人类的先天禀赋、灵性才能先于意识诞生，因为如果涂鸦、游戏对于儿童是毫无意义的，他们就不会乐此不彼。幼儿期的涂鸦、自发游戏，在人类意识的发展中笔者称做无意识或自我对话式的梦境状态。专注于自发游戏、自我对话时的幼童，沉浸于忘我的物我同一的境界，这种境界和梦境相似，而这个物我同一的"我"是纯粹的自我，是与生俱来的本我高我。无意识可达至人类所有领域，任何成人只要愿意均可通过心理学的深度带领进入自我的潜意识或无意识。而在教育领域，通过对儿童的观察，笔者把无意识理解为：生命在自然生长状态下未被污染的空白，是潜能领域，是生命发展的自由之路，是人类的高我。

弗洛伊德把人格结构分成了三个维度：道德超我、社会自我、欲望本我。潜意识是一个无限宽阔、深邃的心理学领域，心理治疗角度的潜意识是比较为人熟悉的，主要是指被压抑的欲望、本我。笔者在中外教育研究和天性教学实践研究中发现，沉浸于学习与创造时的儿童，既是其本我也是其高我，同样具有潜意识或无意识。仅仅从心理治疗的角度去理解、分析人格结构是不够全面的，不适应现代社会的发展。从天性教育的角度去剖析人格结构，具有非常积极的意义，也更有利于对人才的发现和对人才的培养。随着社会对人性越来越多的解放和尊重，过度压抑自我、本我而造成各种心理问题的道德超我，会被具有善良与创造品质，更符合现代社会人性道德的高我所取代。人格教育有两个维度：第一个维度是帮助儿童社会性自我的发展，社会性自我的发展融合了本我动机、欲求与外在环境的平衡；第二个维度是引导他们与生俱来的创造性高我的展现和成长。

对于成年人来说，良好的社会性自我是融合了本我与高我，能与社会实现良好沟通和互动，发挥出自我价值与潜能，能实现自我更新、自我超越，具开放性、包容性与创造性的人格系统，而不是道德僵化的人格面具。本书附录二情商教师自我成长团体实战课程，就是让学习者体验和创建具有开放

性、包容性与创造性人格系统的成人情商高阶课程。

以下通过一个澳洲资优儿童的研究案例，形象、深入地去理解为何"无意识是生命在自然生长状态下未被污染的空白，是潜能领域"。这个女孩名叫艾利塔，从2岁开始她的自由绘画就受到广泛关注，10岁已经多次在国内外开画展，获得各国艺术家的高度好评。她的绘画风格很独特，只有五彩斑斓的色彩，自由、奔放、泼墨一样的挥洒，却又层次分明、立体、丰富，同时没有任何具体的图像，连一个简单的符号都没有。为什么这个儿童涂鸦式的绘画艺术能够征服各国成人艺术家呢？这个个案可以从两个层面进行分析：第一个是艺术层面，艾利塔非常善用色彩，能够大胆、自由但又缜密、娴熟地铺陈出复杂、多层次的色彩；没有受到任何知识概念、事物形态的局限，具有强烈的视觉冲击力；画面没有具体内容却具有强烈的视觉震撼力。视觉艺术是当今世界艺术的摇篮和新星，不但是因为视觉艺术带给了人们愉悦的美的感受、创造与灵感，也是人类当下感知觉发展、进化的重要载体。第二个是心灵层面，艾利塔的心灵世界很丰富，体验很深刻，联想如哲理般诗意与无限。如果艺术表达、艺术联想是散漫的，不会对人的视觉造成冲击力。因为艾利塔的色彩艺术具有严密的内在艺术逻辑，同时经历了心灵的情感沉淀、领悟与思考，所以才能传递出强烈的视觉冲击和潜在的情感震撼力。那年仅10岁的艾利塔经历了怎样的心灵沉淀、思考与领悟呢？她又有着怎样的成长历程呢？艾利塔和她的父母都接受了澳洲教育研究项目的深度访问，让大家深入了解到这个女孩的成长历程。

从2岁开始，妈妈就关注到艾利塔喜欢用色彩涂鸦，于是给了她自由涂鸦的空间，更重要的是妈妈让艾利塔在大自然中成长，让她用自己的观察和心灵感知大自然。她很少让孩子了解其他艺术家的画作，艾利塔也更喜欢和大自然亲近，而不热衷学习成人艺术家的作品。这点非常值得现代儿童教育者们重视，因为儿童视觉一旦被他人的经验所局限，或受认知、理论限制，就比较难自由舒展想象和创作。非常突出的是当儿童过早、过多接触网络虚拟世界，轻则造成视觉想象力的局限，如卡通动漫风格很雷同；重则是现实与虚拟混淆，造成自我意识混乱、认知混乱，甚至逃避现实，更严重的是在虚拟里不能自拔。再说回艾利塔，她在接受访问时谈得最多的并不是自己的绘画，而是让她一直生长于其中的大自然。她说："大自然启发了我的艺术，大自然的画像是不会停留在框框里的，我是自由的。""我感到大自然有某种魔法力量，我储存着她的魔法和能量。""大自然中的小动物和我们一样都是有脑袋的。""当我画画时，潜意识会思考大自然。""我需要自由的体验和做自己喜欢做的事情。"艾利塔通过自我的表达，让我们清楚了她的视觉色彩艺术之所以能对人们产生强烈视觉冲击和震撼，是因为她从小受到大自然的滋养，大自然的一草一木、一景一物都直达她的心灵，而她以儿童的率真天性、哲理般升华的情感承载了这份天地的恩赐，即我们谈到的"空谷回音"。她的独特之处是没有像大部分学习绘画的人那样，通过观察大自然去描画具体的事物，而是以丰富的色彩表达内心深刻的情感体验和对世界的认知。由于色彩艺术包含了这个儿童从出生开始，10年的成长过程、认知过程、情感过程、想象过程，所以她的色彩艺术就比符号、图形、具体画像显示出了更高度的浓缩性，而这种浓缩性会带给观众强烈的视觉冲击和情感震撼。因为其色彩艺术没有任何符号、图像，我们称为无意识，无意识并非没有意识，而是包含了可待了解，又可继续探索、发展的潜能，即无限性。简单来说，就是儿童在成长中有自己对世界的认知和理解，但这份认知和理解却不是僵化的、书本的、教条的，而是开放性的，包含了领悟、提问与指向未来的创造。艾利塔已经10岁了，她能够通过语言让人们了解到这些色彩表达的内涵，是她对大自然和宇宙的认识、理解、联想与探索。然而实际上无意识艺术的内涵与对未来的影响，远远不止艾利塔语言所表达的内容。无意识艺术是无穷的，这也是各个成人艺术家去观看、欣赏、学习她的绘画的原因之一。艾利塔在她色彩斑斓的代表作中加入了动物模型，还有一把小提琴，把音乐链接到了这张画作里，当大家观赏这张画作时也同时欣赏到了美妙的音乐。艾利塔说："我感到图画也是可以发出乐声的。"这仅仅只是艾利塔近10年的无意识艺术展开更多创造想象的开始。

这个具有自发创造力的童年自我，就是艾利塔的高我，开始融入更多外在元素去丰富自己的艺术，既是艺术的联想创造，也是艾利塔的高我开始融入社会性自我的成长方式，社会性自我的发展能让人们更好地理解她的艺术创作。艾利塔天性成长的过程，让人们清晰地看到一个10岁儿童遵循自己的生命节奏和生命发展规律，逐渐社会化的过程。而在她未来的成长中、在她整个人生历程中，童年所具有的领悟、想象与创造，又会让这份饱满的生命力绽放更多怎样的可能呢？这是未知的。她的人格具有完整性这是肯定的，童年人格又将在人生的长路上、社会位置上，发挥出怎样的潜能呢？这也是我们对每份生命传奇的美好等待。

通过艾利塔的案例，家长和教师要对儿童的涂鸦慎重对待，如果孩子喜欢涂鸦，就给孩子一个能自处的自由涂鸦空间，不要对儿童的涂鸦妄加评论。儿童教育是教师和家长一起学习与成长的过程，是等待每朵生命之花绽放的过程。

关于涂鸦艺术，中国卓越的艺术家也有深刻的实践体悟。比如受上海政府邀请，为上海城市绘画时代墙画的视觉艺术家林子楠就有着深透的认识。早期他已认识到一些涂鸦、符号是艺术最根源的冲动，在探索涂鸦艺术与自我发展的迷惘中，他决定从昆明开启一场长途旅行寻找方向，途经大理、丽江、香格里拉、林芝直至拉萨，根据自己对每一座城市的理解，在当地的废弃墙面上留下代表这座城市的涂鸦作品。在自我、环境与艺术的探索中，林子楠老师不但找到了方向，也不断成长、成熟。为上海绘制城市墙画后，在接受采访时他是这么说的："提升一个城市的是她的软文化。""可以通过艺术去重燃一个街区。""通过艺术让不同的人聚在一起，同时又是刺激不同族群的一个活力。"从涂鸦、迷惘到成长为情理并重的艺术大师、人文大师，林子楠老师用真实的经历印证了艺术心理的起源、创造力的起源、成长的起源，更加重要的那是大爱的起源。"刺激不同族群的一个活力"，这一点我们也在艾利塔的儿童艺术心理分析中，通过各国艺术家的反馈，了解到她给成人世界带来的蓬勃活力和不可预知的未来。林子楠老师提到的"软文化"概念也非常适用于本书，本书对儿童故事创作、成长的客观记录也是软文化，儿童文化是提升人类精神素质、创造力的重要源泉。

通过对澳洲儿童艾利塔和中国成人视觉艺术家林子楠的分析，我们可以找到人类心灵世界、思维模式的共通与共同，儿童与生俱来与成人一样具有完整心智与完整人格。像艾利塔父母一样给予儿童心灵的空间、正确的引导、自由的成长、客观的观察，是实践天性教育的方式。

本书的教学内容为小学一至三年级儿童创设，这时候儿童已脱离了幼儿期的无意识、梦境状态，开始进入意识、自我意识、思维的另一个发展阶段。但不能因为他们进入另一个发展历程，就否定他们幼儿期的无意识自我和成长方式，如涂鸦、自发游戏等。继续尊重、发展这份本性，在这份本性的基础上让生命自然生长，让每一个儿童都成为本来的自己。虽然这样做会很难，家长、教育者都需要学习很多，付出很多细致的关注和引导，却是互相成就对方的学习方式与共赢。也如卢梭在《爱弥儿》中所说：生命不需要走回头路。其实很多成年人都需要重走回头路，只是生命只有一次，如果不能顺应生命的发展规律，绝大部分人都不能意识到要重归童年、重塑新的自我。没有成长好的自我会在潜意识中由下一代承受。在成人的心理治疗中，更深层次、更有效的治疗就是人格治疗、生命重建和内在小孩的发现。图2-3所列的心灵的思维领域，是在教学中对儿童的观察，生命在自然状态的生长中会绽放出各种潜能。育人先要育心，每个人的成长都要先从心出发，而不是等待着别人给方法、答案，否则，具有鲜活生命力的人格不但没有发展的可能，也会早早被扼杀于摇篮。而事实上，生活并没有答案，人生也没有答案，知识最大的意义是启迪，而不是用答案去评价儿童的智商，去打击、打压儿童的自信和创造。

幼儿的涂鸦是艺术思维、想象思维、创造思维的无意识阶段，如艾利塔2岁时的涂鸦就引起了父母的关注。而儿童自发的游戏是创造力、社会性发展的萌芽阶段，婴幼儿期与养育者的信任和依恋是情感智力、自我意识的种子。进入小学后，儿童因为已经接触了很多外界事物，他们的绘画不再是涂鸦，他们具有了意识并有表达意识的能力，我们可以借助自由绘画让儿童的艺术思维、想象思维、创造思维更显像，这有助于他们大胆、深入地探索自我，既酝酿、积蓄着各种发展潜能、可能，同时对儿童的心理健康、心灵丰盛、情感丰沛、人格建构都大有裨益。另外，因为这时候儿童的语词量、语言逻辑还没有足够的储备和发展，单纯的言语交流局限了儿童的自我探索、自我表达，艺术表达有助于他们发现自我、表达自我，同时在这个过程中提高了语言逻辑能力、人际沟通能力。

三、认识与重视人类的身心表达、身心智能

婴儿在大脑发育完善之前，是用全身心"思考"，表达自我、反应外界的，我们只是顺应生命的这个自然，允许儿童在幼儿期、童年期继续以这样的方式去学习。有关想象思维、创造思维，在大脑的学习模式中人们已经有过很多研究，单纯的大脑学习模式，脱离了身心整体的学习模式，想象思维、创造思维的局限性会很大，大脑很多时候会停留在别人创造过的影像上。最明显的例子就是动漫形象的风格一致性很高：一些家长反映，学习美术的孩子在进行动漫设计时，虽然绘画技术在进步，但创造的形象、风格却明显受到了别人作品的影响和局限。心灵（身心）具有想象力和创造力，而且比大脑思维更直达本质、本性，直达人类文化、文明、创造的源泉——艺术思维与诗性逻辑。心灵的想象力也不会受到现实影像的限制，具有天马行空、在自由世界驰骋的能力。如艾利塔，从小她的身心就是在大自然里成长，而非局限在教室和书本。再比如著名雕塑《猛士》，其创作者原广州雕塑院院长唐大禧说："人性的赤诚，我用身体语言去表达。"艺术家洞察到了人类的身体语言、身心语言深藏着各种奥秘和强大的张力、表现力。

身心智能具有很强的想象力、创造力、判断力、洞察力，这是美国著名

篮球运动员在体育生涯中的自我体验,而科学家也发现了球类运动员在智能领域的优势,正在研究把他们的智力优势运用到人工智能领域。身心智能的涉及面非常广泛,球类运动、体育运动只是身心智能的一部分,如果学生在进行体育运动时没有全身心投入,全神贯注地学习和体验,身心智能是得不到发展的。论述身心智能,最直接简单的认识就是运动前要先放松肌肉,因为放松肌肉能唤醒肌肉细胞,有助于运动,避免肌肉损伤和错误代偿等。肌肉细胞能被唤醒,唤醒后能让运动顺利进行,这证明了细胞自身具有思维力,这种思维力是自发性的,就如身体各个器官不需要人时时刻刻发出指令指挥其如何运用一样。如果需要我们向胃发出指令,胃才启动消化食物,向肠子发出指令,肠子才开始蠕动的话,那我们就没有片刻空闲了。把身心智能的探索细化到细胞,让人类更加相信生命这个宝库,并探索、发现这个宝库。

  以上是生物学角度的探索,而在教育学角度,当儿童投入全身心学习、解决问题时,只要教育者善于观察就能发现他们的身心智能。比如本书教学自由联想的角色扮演,儿童需要的是开放性、鼓励性、启发性、引导性的教学,如果教师或家长如此鼓励他们,他们自发的表情和肢体语言,在学习探索中是能和故事、角色、情景吻合的,这就是知情意合一的认知发展。随着儿童越来越开放身心去学习、探索,学习能力、自我表达能力越来越强时,知情意合一的认知就会上升为儿童艺术。艺术之本质就是艺术独有的思维模式、表达方式的呈现,如艾利塔的绘画,没有具体事物、图像,也没有语言式、数字式的秩序,但其实却是无形中的有形、无序中的有序。艺术是感性与理性的高度结合、升华,既包含感性与理性,同时也超越感性与理性,是一份美好的圆融,儿童艺术也同样反映了艺术这个共同的本质。无论是国外的教育研究,还是本书教学研究,小学儿童在游戏学习中,体现了人类在这个阶段已经具有感性与理性相结合的思维能力,身心智能是情与理相结合的一种表达方式,也是非常需要重视的一种表达方式。

  身心智能并非指割裂了与大脑的联结,因为全身心的每个细胞都与大脑有深层的联结、沟通和反应系统。当我们观察儿童的身心发展、身心智能时,不仅是在关注综合素质的培养、身心的健康发展,同时也是在关注和研究儿童大脑思维的发展。当儿童能够用情感与理性表达自我对世界的探索、认知,表达内心的感悟和想法时,这既是儿童艺术,也是人类共同的文化起源:诗性语言和诗性逻辑,而这些就是心灵的声音、生命的声音。艾利塔和本书记录的儿童语言、儿童艺术,反映的正是人类文化、文明起源的同一性。

有一个一年级的儿童，父母年纪很大才生他，他比哥哥小了10多岁，父母的教育观念不但与时代脱节，个人事业也充满了危机、焦虑和争吵。这个孩子的身体健康方面也不是很好，安全感、自我价值感都比较低。教师在教学过程中慢慢引导家长，也让孩子有更多安全感在课堂学习，心稳定了，有了内在自我的孩子，虽然语言还不能充分表达自我认知，但在课堂中逐渐释放了身体语言。在一次角色扮演学习中，他扮演太阳的一幕给教师留下了极深的印象。虽然很多三年级以上的孩子都扮演过太阳，但都只是表情和语言上的扮演，而没有肢体语言的扮演。这个找到了心、稳定了心的一年级孩子，却是自然地伸开双手，反复握拳、伸展手指，用这个细微的细节表现太阳的光线和光辉。这就是身心智能、儿童的艺术思维。教育孩子需要细心观察他们对事物的理解，当他们的语言、大脑思维还不能够充分表达自我时，教育者和父母的细心观察就显得更重要了。因为孩子的身心智能会告诉我们，他是否具有完整心智，是否能用心观察世界、感知世界。孩子具有这些，就是生命的宝藏，发展的潜能。教育不是用成人的标准去要求孩子，而是发现孩子，用孩子的心灵理解他们，鼓励他们勇敢探索。

儿童如果在生命前期安全感不足，被过度保护或被过度教育，他们的身体语言、表情也会比较僵硬，放不开，可以鼓励他们大胆用身体语言表达自己想表达的，这有助于他们的心理素质、心理健康程度的提升。患有较严重心理问题的学生，不但表情充满恐惧，身体也是僵硬的，这是由负面情绪、负面教育累积在身心系统引起的。

儿童的身心语言也是他们的真实自我，是我们每个人长大后的内在小孩。如果儿童的身心感受、身心表达从来没有被重视过、被认识过、被了解过，成人世界就迫不及待地把已有的知识、道德、道理、规矩、理论灌输给儿童，并且这个小孩完全内化，那么他会未老先衰，也没有内在力量去面对外面的世界，因为他没有真正经历童年、体验童年。这些由成人世界大量灌输进去的，如果不是歪理，一般情况下会被理解为理性思维，但真正的理性思维不是灌输获得的，是人在实践中通过感性积累逐渐形成的，而联想思维、创造思维更与灌输绝缘，就如亚里士多德在《论灵魂》中说："凡是不先进入感官的就不能进入理智。"

四、自我认知与心灵表达方式的关系

人类并不仅仅是为了认识世界、探索世界、创造世界而来，人类还为了认识自我、探索自我、创造自我而来。"我是谁？我从哪里来？我往哪里去？"

是哲学的终极命题，也是人生的终极命题。这个不可缺失的终极命题总是被遗忘，但这恰恰才是人生命的宝藏、明珠，才是能让人在颠簸的人生中保持不卑不亢、不偏不倚的自我航向的灯塔。比如2019年1月1日广东共青团向广大青年的新年献词，题目是《愿你在寒冬里，看到内心的真实与光明》，也是引导广大青年回归自我的探索。自我认知、自我探索不仅仅是青年的成长任务，也是每个人一生的成长任务。当人能够相信自己的感官，运用自我感官去尝试、探索、体验、思维，人才具有通往探索内在自我的途径和信心，这就是心灵思维非常重要的一个领域：自我认知。

自我认知是自我意识的一部分，儿童在9岁、10岁之前，人际的、社会的自我意识是模糊的，如果说这个阶段他们具有很明确的人际的、社会的自我意识，那只是成人的评价和过度强化，而非发自他们的心灵。所以，在儿童9岁、10岁之前，成人的评价、教育方式非常重要，儿童的心智会在无意识中吸收，在未来的人生中成为无意识的人格阴影。如果在9岁、10岁之前，教育者能够引导、培养儿童的自我认知，那儿童的童年人格就不会是成人的影子，甚至傀儡，在未来的人生中才具有完整人格和人格力量。儿童专注学习与游戏时的创造性高我，也会在人际互动中和良好的沟通中，逐渐融入社会性自我这个人格系统中，实现人格系统的自性圆融，而不是人格分裂。和艾利塔的自述一样，本书教学实践部分记录了这些过程。

心理学中自我认知教学方法很多，本书着重引导儿童在实践中、互动中培养自我认知的能力。当人逐渐长大就会开始用常识、道德、伦理去评判自己与他人，但这些评价、评判是否就代表了自我认知的发展呢？答案是不代表。我们遵守、尊重某些规则、规范，是因为有利于一般情况下的生活、社会秩序和人际关系。有利于一般情况下的生存，并不代表自我的需要、自我的发展，尤其是在多元化、倡导创新的社会。自我认知的范畴很宽阔，对于成人来说，了解自我的需要、自我价值的探索就是自我认知的内容。而对于儿童来说，我们聆听他们的想象、情感、需要、想法、认知、体验、创造、合作、实践等，并做出恰当的反馈，就是帮助他们发展自我认知、建构自我。

当儿童越来越开放身心去学习、探索，学习能力、自我表达能力越来越强时，知情意合一的认知就会升华为儿童艺术。这正是儿童EQ智能与口才的教学特色，本书很细致地通过各种教学启蒙方法，引导儿童踏踏实实地一步步实践。一般情况下，低年级儿童开展的是看图说话、看图写话的教学，当语言学习不是目的，而是作为提升综合素质、情感智力的学习载体和学习平台后，因情感智力的智能特点，关注人的心灵世界就成了教学的主导。无论儿童还是成人，当能用心灵去表达、沟通的时候，语言都是诗性的、诗化的，具有理性的大爱，所以艺术思维与诗性语言、诗性逻辑是共通的。这也是中国古诗词与中国绘画艺术相融相通又相互辉映的文化艺术之美、之巅，是人类情感、智慧、文明、创造力的重要体现。在科学高度发展的现代，艺术思维（诗性）如果和科学的发展产生高度融合，相信一定会绽放更绚丽的人类文明，彰显人类丰富的情感与高度的智慧。在国家鼓励创造力的大时代，心灵、身心独有的思维领域、思维方式应该引起大家的重视，该领域不但是人格、心理健康成长的教学，也是等待探索的无穷的人类智能领域。

五、心灵思维方式的独有特点

心灵思维方式的独有特点：第一，想象性；第二，高度专注性；第三，自发的情感性；第四，艺术性；第五，具有独有的思维质感：细腻、温暖；第六，情绪安宁，具有稳定性、开放性、包容性和超越性；第七，创造性。

无论成人还是儿童，只要进入了心灵的思维模式，都具有这些相同的特点，而这些良好的思维品质，就是情绪智能、情感智能。本书细致地列出了教学步骤，建议教师进行启发式教学，主要以开放之心聆听儿童，如果懂心理学、儿童文学，对理解儿童的故事与表达更佳。

由于心灵教学自身的特点，需要提供具有安全感、开放性的教学氛围，建议教师开展小团体教学，学生人数在8～12人，这既有利于学生人际互动、沟通、合作的实践，也有利于教师的细致观察和聆听。本书的教学方法也适用于家长与孩子的互动，或几个家庭间的亲子共同互动。如果教学还在探索中，可以只开展第一部分的语言艺术朗诵游戏教学。

六、心理品质与心灵品质的区别

心灵品质比心理品质更细腻、宁静和温暖，如果用绘画做比喻，那么心理想法就是素描、是草稿，构思还没有那么深入和细致；当思考、情感、体验越来越深刻时，就开始提升为心灵品质了。心理品质不包含艺术和创造，上升到心灵品质时就包含了。

除了本书的教学外，笔者还开展过很多儿童诗歌创作课程、演讲课程，希望以后能全面整理好一路走来的教学实践，继续深入探索、论述心灵（身心）的智能系统、神经系统。

人类永恒的灿烂天性——心灵,既是生命的种子,又是生命的无限,因为有无限的生命才有无限的可能,地球因而精彩纷呈、生生不息。

第三节 天性教育

一、人性探索是教育的根

师者,传道、授业、解惑,即教师就是传授知识、道理,教授学业,解答疑问。然而随着人类和社会的发展、进步与多元化,这样简单理解师者的任务,并不利于教师的专业发展,也不利于教育的探索与发展。在人类发展进化的历程中,学校、教师具有核心性的关键作用,所以教师需要与时俱进,对人性的深度、维度做更多深入的探索。不先探索人性,教育就抓不住根,不能滋养根和引导根系的发展。没有根的教育是虚妄的,没有根的人是没有生命力的。

二、生存是所有地球生命的存在共性,而发展则是人类独有的智慧

人最深的恐惧、最深的本性是什么呢?是生存。如果连独立生存的能力都没有,其他都是空谈。比如上一节谈到的澳洲教育研究者对天才儿童的研究,无论其父母还是导师,也都有充分考虑这些天赋很高的孩子在未来的生存。一位9岁女童具有很高的舞蹈天赋,在为其天赋提供发展平台的同时,导师也考虑到她的身高比较欠缺,会影响她将来的职业发展。这种考虑不是消极的,不是对一个儿童舞者的打击,而是细密而慎重的自我认知,有利于舞者在艺术成长中扬长避短,更好地发挥自我,寻找到最适合自己的位置。中国家长在自信与理性方面是有所欠缺的,如有的家长要求孩子必须科科优秀,校外学习一遇挫折或拿不到名次,达不到所谓效果,就马上放弃,这是引起各种教育问题、各种学生心理问题的重要原因之一。同这位9岁儿童舞者的事例一样,我们在大家熟悉的章子怡身上也能受到启迪。章子怡从小学习舞蹈,但因为天赋不足,在其漫长的学习过程中要比同龄伙伴付出更多的努力和艰辛,但同时也锻炼了她的抗挫折素质和坚强的内心。专业的舞蹈功底和功力,为以后的发展奠定了强大的身心素质、专业素养基础。她的情商

体现在有自知之明，知道自己的舞蹈天赋有局限，没有选择舞者们向往的中央歌舞团，而是选择了自己热爱的表演事业，年纪轻轻就认定了要考中央戏剧学院。情商教育是天赋与抗挫折素质并行的教育平台，章子怡的成长个案正体现了这一点。她并不是没有舞蹈天赋，而是要比其他舞者付出更多的时间、努力、刻苦和艰辛，才能做出同样的成绩，对于一名职业舞者来说，无疑是很大的局限和障碍，当职业的生存竞争都没有优势，还谈什么发展？所以她转换了轨迹，转换到表演领域，但舞蹈成就了她独特的才能与优势。同时，舞蹈学习的艰辛刻苦，让她在压力应对和抗挫折素质方面比很多年轻演员优秀。才能、优势、抗压、抗挫折素质，让她争取到了很多难得的发展机会。

　　教育考虑人类该如何生存，这是必需的，也是正道。由于家长自信与理性的欠缺，所以这个问题在中国造成了家长与学生的严重焦虑。有的学生因为逃避现实、逃避就业竞争而考研、考博；有的人虽然有份工作，但内心隐藏着强烈的生存恐惧，影响了生活、职业发展与人际关系。可以说生存恐惧在绝大部分人心中都存在，因为这种隐藏的恐惧而衍生出各种形式的恐慌。但这种恐惧是不是就只有负面意义呢？不是的。如李安的电影《少年派的奇幻漂流》，一只老虎一直与少年派孤独地共行于危机四伏的茫茫大海。老虎时刻带给派生存的恐惧与挑战，同时也让派在苍茫无边、孤独无涯的海上漂流中，始终保持着敏锐的觉醒与自救，否则他很容易在无尽的孤独中绝望，失去自救的信心与力量。如果我们要让生存恐惧如这只老虎一样带给我们积极的意义，而不是对个人、家庭与社会造成负面影响、带来恶性循环，那么针对这个课题的认真学习与探索是非常必要的。

　　为什么现代人读那么多书、取得那么高的学历、从小学习那么多技能，但生存恐惧还是挥之不去？为什么有些人不但苛刻地对待自己，也同时加倍地把恐惧和焦虑转移给儿童呢？一是由于错误的家庭教育。家长要孩子学习各种技能、上学习班时，灌输的是不要输在起跑线，要提前学，否则就学不会、不如人，为了将来找份好工作等这些负面、消极的认知。家长让孩子学习的出发点和情绪本身就是恐惧，而不是积极的态度。人从小在学习过程中伴随着这样的认知、情绪与价值观，长大后有生存恐惧当然就难免了，内心深处的心理阴影也是巨大的、无形的、无意识的。而少年派与老虎共存的恐惧却是显意识的，显意识有利于派，无意识的恐惧才是最可怕的。这和艾利塔的无意识刚好是两端的维度，艾利塔的无意识是潜能，被灌输进去的生存恐惧则是心理治疗要帮助人们的工作。二是由于教育本身。如果教育完全不关注人的生存本性，只关注学生的成绩、知识的习得，学习不但与现实脱节，一次次的成绩恐惧、考试恐惧、升学恐惧，也在潜意识中塑造了恐惧、焦虑的人格特质。

　　学校教育、家庭教育关注人格培养是必需的、重要的，但如果只在道德层面灌输，而现实中的执行还是为了应试、功利，那塑造的是人格分裂的人、精神分裂的人。人格培养的方面很多，现代社会、现代教育关注人的存在本质——生存，就是关乎人格培养、素质培养、能力培养的关键。生存，不是简单的技能、技术学习，而是人类的本性。另外，从当今社会的发展趋势来看，过于单一的技能、技术、知识学习，不但不符合人类综合素质提高的要求，也很容易被发展淘汰。一技之长没有问题，但这一技之长如何与时俱进、不断更新，让技艺闪耀出工匠精神、工匠灵魂，就无比重要了，这也是人格教育的探索课题。本书在人格结构与人格分析上也提供了宝贵的参考。

　　地球所有存在生物的自然本性都是为了生存与繁衍，如果尊重和引导这份自然本性，教育者就能帮助人类更好地存在，这也是教育与接受教育的重要意义。生存与生存能力，独立生存与独立生存能力是人类，也是所有生命体的本性。以动物的生存本性为例，所有生物要在地球获得生存繁衍的机会，都需要经历重重重大的考验，有的甚至一出生就要经历生死洗礼，选拔出最优秀的后代，让物种的生存、繁衍更有利。比如有一种大雁，它们为了逃避天敌吃鸟蛋，要在离平地100多米的笔直悬崖上产蛋。小雁孵化出生后很快就要进食，否则它们就会饿死。但因为悬崖上没有食物，所以它们必须要在出生一两天，就跟随父母离开悬崖去平地觅食。可是悬崖是笔直的，刚出生的小雁也不会飞，它们怎样才能离开悬崖呢？跳崖，是的，出生一两天的小雁就要鼓起最大的勇气，展开小小的乳翼，以滑翔降落的方式从笔直、怪石嶙峋的悬崖上跳下去。大雁父母只会向刚出生的小雁示范一次展翅滑翔的姿势，然后就会鼓励小雁模仿离开悬崖。每只小雁的生存机会只有一次，没有试跳、没有重来，如果跳崖时重心、角度没有把握好，它们柔弱的小翅膀就很难滑翔，因而滚下100多米怪石嶙峋的悬崖。对于人类来说，出生第一天就经历这样重大的考验是难以想象的，但这种大雁就是这样一代代生存和繁衍的。每一次、每一代的生存洗礼、生死考验，都磨砺、进化了这个物种的勇敢、强大与智慧，成为它们的遗传基因。在一窝五只小雁中，能够经受考验，追随父母走向下一个生命历程的小雁有四只，生存率很高。只有经过这样重大的考验和洗礼，还能顽强生存的小雁才能继续向恶劣的生存环境挑战，也让这个物种更加强大。

还有著名的信天翁，这种海鸟的羽翼非常巨大，所以能与它们竞争的天敌很少，但在它们生长成熟之前，在熟练掌握飞翔技术之前，这个物种也必须接受严格的洗礼。虽然信天翁的羽翼非常巨大，让它们具有更有利生存的天赋条件，但在它们成为成鸟之前，因为还不能掌控巨大的羽翼飞翔，所以信天翁父母要去离海岛千里的海洋捕鱼养育它们。当它们长大，成为成鸟，父母就不会再飞回海岛喂养它们了。它们在海岛等不到父母归来，饥肠辘辘，生存本能会促使它们鼓起勇气，开始第一次跨越波涛汹涌的海洋的飞翔。如果羽翼掌控得好，能够顺利离开危险区域，那这只信天翁就通过了生命的第一次重大考验，和它的祖祖辈辈一样，在以后的生存中天敌很少了。但只有一半的信天翁能够经受这样的考验，有一半的信天翁因为第一次飞翔不能飞离危险区域而落入大海，被久候的鲨鱼吃掉。

动物幼崽经历生存本性考验，无论对于其自身还是对于整个物种都非常重要，在资源有限的地球，物种越优秀，生存发展的机会才越大。而人类因为创造了伟大的文明，对生存本性的考验不像动物那样显像与残酷。但不能因为不显像与不残酷，就忽视、否定人类具有同样的生物本性、生物本质。为什么物质越丰富、条件越好，人的问题、教育的问题反倒越来越多呢？那是因为条件太好，人就会过于安逸，身心不勤，内在生存本性的生物基因没有被唤醒，而外在灌输，尤其是市场化、功利化教育又太多。人的内外严重不平衡，内在本我被严重压抑、被扼杀，失去了独立生存发展的能力，而外在评价、模仿、操控又太多，于是人就成了学习的机器、工作的机器，甚至傀儡。所以，教育、家庭、社会要尊重、唤醒人自然的、生存的、发展的本性，而不是塑造学校中的功课机、家庭中听话的傀儡、工作中听话的傀儡。过去人类祖先在恶劣的自然竞争中胜出，就是人类的生存本性、创造本性在艰苦中和危机中一次次被唤醒、一次次被激发。在体能素质、猎捕素质上，人类没有太大优势，但在创造力上人类的优势是绝对的、无穷的。在人类社会高度进化的时代，生存本性依旧是人性的根本，这是不能忽视的根，在这份认识理解的基础上帮助学生发展创造力，是符合人类进化的教育理念。如果不尊重、不理解人的生存本性，不先鼓励、培养独立思考、实践的能力，就会出现高学历、多技能，但内心依然充满生存恐惧的人、人格分裂的人，创造力的培养当然也只是空中楼阁。

三、天性教育是人类生存与发展的力量

天性教育就是要尊重、肯定人的生存本性、创造本性，这是广义的，是人类共有的自然基因和素质；另外要关注个体特质，帮助个体先天禀赋的自然生长，让个体成为真正的、真实的自己。人格分裂、精神分裂就是个体远离、割裂了真实的自我，找不到自我。当个体能够成为真正的自己，自我价值感、自我完善感、潜能才有可能实现。

如何关注个体特质与先天禀赋呢？如果我们详述这个领域，这是永远说不完的话题，因为生命无穷，每个生命（包括动植物）都是一本独一无二的书，尊重生命、敬畏生命，我们才有机会打开生命这本书。关注个体特质与先天禀赋源自教育者的细心观察，有的家长以为哪科成绩好或哪个兴趣班学得好就是先天禀赋，这是片面的认识。有的家长甚至为了升学等各种目的而强扭或拔苗助长，片面和急进之心不但会折损了幼苗自然素质的发展，也对他们的心理健康、人格发展产生负面影响。有的家长根据自己的个人主观想法、观念，给孩子贴上大量标签，说得最多的是"叛逆"，只要孩子不听话，哪怕只有几岁大，家长也会随意给孩子贴上这个标签。教育无能，缺乏人生修炼的家长才会随意给孩子贴标签，这些标签就像压住孙悟空的五指山，没有把孩子的生命力造成破坏已经万幸，孩子要在未来的人生历程中成为真正的自己，他们将要冲破万难，冲破五指山、标签咒语对他们的镇压。需要提醒的是，一味夸奖孩子也同样是贴标签，"你是个好孩子""你真聪明""你真棒"，这些也是标签。我们要为孩子提供的是成长的平台，观察他们的具体行为、行动，聆听他们的表达，要修正、鼓励的是行为、行动、态度与言语，而不是笼统、模糊地指向、定义他们的品德和人格。

我们通过纪录片《零零后》的拍摄纪录方式谈天性教育。该纪录片以客观、真实的角度，记录了儿童在幼儿期自发的游戏互动、过家家、角色扮演等真实历程，儿童的语言、行为、体验均发自内心，质朴、自然，没有一丝成人教化的痕迹。在自发的游戏中，由于儿童渐渐融入了故事与角色，从而深入了对生活、对人生质朴的理解。当生命投入真诚、投入身心融入情景中时，即使年幼的生命也有能力探索真知。

该片提供了实践、开放、具有安全感的游戏学习平台，平台本身就是天性教育，这是实现天性教育的第一个条件。如果教育者过多或不恰当地干预，儿童就不敢在游戏中打开心扉表达真实的自己，在现实生活中就会以退缩或

对立的方式表达自我。这两个极端都非常不利于他们的身心健康与全面发展。所以，要实现天性教育，第二个条件就是教育者对儿童的身心发展有恰当的把握，既不过多干预，更不会施加太多成人思想，但又能提供具有安全感、启发性、指导性的育人氛围。除了开放性成长平台，教育者对儿童的身心发展具有深厚的理论基础与教学实践能力之外，第三个条件就是教育者的细致观察和观察的角度。纪录片中乐乐爸爸不但站在孩子的角度，同时也善于观察儿童游戏的互动情景，客观、理性而又温暖地理解孩子在情景中的言行，通过言行了解孩子的特质。这就是难能可贵的开放之心，像欣赏日出日落那样的一颗平常心，了解他人的心，而非为了任何个人目的与主观意愿。当教育者、家长能以这样的心，这样的观察态度尝试了解儿童、认识儿童，儿童就是花园里盛放的花朵。15岁时的乐乐天性绽放，自我认知不卑不亢，既了解自己的不足、接纳自己的不足，又了解自己的优势与长处。身材较矮小的他热爱球类运动和比赛，在团体合作中懂得扬长避短，发挥自己灵活的优势，在团体合作中表现非常出色。这就是情商教育所重视的自我认知和抗挫折素质。影片中年轻的他自信、朝气、勇敢，他在学业规划中说："我要追求自己的天命去了！"这就是天性教育赋予孩子的勇气。而乐乐爸爸对孩子的客观观察、评论所体现的正是情感智力、情景智力。我们了解到情感智力在人际关系、人际发展中的重要作用，小则如乐乐爸爸在乐乐天性成长中的催化，大则如孟非主持的《非诚勿扰》节目，推动着中国人在婚恋、家庭教育中的和谐与进步。传统观念认为爸爸负责经济上照顾家庭就是尽责了，这种落后观念是不适合现代社会的进步的。父性教育的缺失，不但不利于儿童的成长，也阻碍了男性的事业进步和人格的完善。

  还是以纪录片《零零后》为例，该纪录片拍摄长达十年，对儿童心理成长历程的客观展示、倾听，充分展示了教育者耐心与到位的观察角度。教育不能抱着任何人、任何团体的个体目的，或教学必须要达到什么目的和效果，这些大脑里主观、预设的立场，会让人看不见生命的本质，执着于成人世界的得失与各种观念，儿童在不知不觉间会沦为成人世界获取利益的工具。教育是尊重生命，帮助生命成为真正的自己，我们可以尝试了解每个生命的自然本质，让他们打开心扉，在实践中勇敢表达真实的自我。教育者通过客观观察他们在实践中的行为、语言和解决问题的方式等，了解每个生命的各种自然素质和禀赋。禀赋不是特长，受先天因素和后天因素影响，建立在个体的自然素质基础上。对于儿童来说，过早谈特长是不恰当的，因为他们的自然素质还在柔嫩的生长中，过分强化，或许会展现某种才能，却不利于儿童的心理、人格与综合素质的发展，甚至可能会折损。那教育者、家长该如何看待儿童自然生长的禀赋呢？过分强化是不恰当的，但忽视也可能造成人才发展的损失，所以这份拿捏正是成人要学习的大智大慧。或许我们可以向动物王国里充满智慧的父母们学习，该培育时细心关注、提供锻炼的机会，该放手时就让他们大胆走自己的道路，经历考验和风雨。但有一点需要明确提醒的是，动物王国的小动物们接受生命的重重考验，除了获得了理应获得的食物回报、自信心、捕猎生存本领之外，它们并没有额外的名、利、升学等回报。人类世界额外的、身外的东西太多，反倒忽视了学习最纯粹的本质是为了生存与发展。人为外在的名声、得失、评价而学习、教学，反倒失去了学习的本质、教育的本质，人也忘记了自己是谁。

　　让我们都先回到最简单、最直接、最纯粹，为生存、发展而战的生命史诗中去学习吧。不同的生物都有不同的成长期，有的刚出生就要经受严苛的考验，比如黑颊大雁；有的出生半年后才经历重大考验，之前都是在父母的关爱、喂哺中成长，比如信天翁。不同物种都有其自然的成长天性、成长阶段，动物以其本性、本能顺应了自身物种的生物遗传、生命密码的指引，以本能养育、教育后代。人类也应遵循人类的生物本性、成长阶段、成长规律去养育与教育后代。婴幼儿期、童年期，都应在成人提供的既具安全性又具指导性的环境中成长；青春期（13~17岁）是半独立阶段，这时候父母、家长还不能完全放手，但应给予一定的自由空间；18岁开始，人就要逐渐走向独立。根据这样的成长规律，在18岁之前，父母、教师既要为学生提供素质、禀赋生长的成长平台，又要恰到好处地把握，不偏不倚地评价与鼓励，既不以禀赋作为个人特长炫耀，作为升学等各种手段和资本，也不压抑孩子的天赋、禀赋。这的确不容易，既是教学探索的智慧，也是老师、家长人格、人生的修炼。在本书第二部分第三章"情景智力与大脑科学"中，有0~12岁情感智力的发展任务表，提供了不同年龄段的情感发展任务供大家参考。在很大程度上来说，情感智力每个发展阶段的脱节与断层，既是智力结构、人格结构的断层，也是生存、独立能力、社会适应能力的断层。

　　除了引导大家尊重循序渐进的生命过程，不要造成发展断层外，笔者也谈谈在心理辅导工作中遇到过的，在小学阶段就过早展示了个人禀赋的学生到小学高年级后的状态。这些学生本身内在综合素质都是不错的，从小就听话、聪明伶俐，相貌也比较好，学什么都显得比其他孩子突出，这样的学生通常都会成为教师的助手，或参考各种比赛、活动。但他们的自我展示、承担的各种任务和责任过多、过早，与实际年龄不匹配，懂事太早。小学五年级后，这些孩子即使心理、个性没有出现扭曲，在学习力、创造力上的发展后劲也会明显不足。有的还会出现发展落差，或过于要强，过早涉入成人世界等各种问题。所以，即使孩子在生命早期已经展示了才能与天赋，依然要谨慎有度地让他们在专门为儿童开设的教育平台上接受锻炼与磨砺，注意他们在接受锻炼过程中各种细微的心理变化，在荣誉与挫折的交错中给予他们细致的指引，而不是仅仅关注才能。为了各种目的，抱着功利心，不但是对他们才能发展的伤害，更是对他们心理、人格的严重破坏。香港一位网球运动员因为父母都是网球运动员，遗传了父母的天赋素质，总是在比赛中获胜，所以从小每次选拔都被选进精英队。而随着长大，随着比赛之外需要面对更多的生活与接触社会，她发现从小缺乏失败教育对她的心理和个性都造成了严重影响，在人群中、生活中她不知道如何做自己，表面很快乐，但其实不过是小丑，也因此患上了抑郁症。

帮助人们天赋发展与进行失败教育，是具有相关性的教育命题，而情感智力的教学恰恰是让教师、家长学习平衡二者的专题教学，当然这也是非常艰巨的教育命题。所以，开展情感智力教学的教学者和家长，自身面对难题的态度是首要的。

四、情感智力教育者面对难题的态度

情商、情感智力就是人们能用智慧面对困难和困境，迎难而上，不断自我超越，教育者面对难题的态度和能力，决定了自己在这条路上能走多远。人生没有终点，如果必须有一个终点，这个终点叫死亡。如果我们能以旅者、行者的态度发现人生路上的所有，不断前行、不断超越，才能逐渐打开自己、发现自己、成为自己。在人类已经进入崭新的智能化的大时代，教育者自我的觉醒与更新，才能更好地带领人们走在自我价值实现的路上。儿童EQ智能教育既关注儿童在各种实践中展示出来的个人自然素质、禀赋、潜能，同时更加关注儿童在实践中、合作中、荣誉中、挫折中各种细微的心理体验和变化，并给予及时的引导。儿童的心灵是纯洁的，他们的心灵就是空谷，是外在世界的回音，如果教育提供了情感美育的启迪，只要鼓励他们勇敢打开心扉表达内心的真情实感，我们会聆听到真实、动听、睿智的童言的回响。当然，有时候儿童也会有偏差，但如果不是患有严重心理问题或受到过严重心理伤害的孩子，偏差基本都不会过分脱离常态，都是可理解的成长过程，通过儿童团体的共同分享、互相提建议，具有偏差认知与行为的孩子都会修正过来，实现儿童的自我教育。这才是提供给儿童的，合乎生命生长规律的社会化发展的教学平台与教学方式。

有一个让笔者非常感动的教学案例，一个一年级的6岁男童，由于婴幼儿期长期发烧、抽搐，长期吃药，极少进行户外活动和接触家人之外的人群，大脑某些功能可能受到损害，缺失了一些人际沟通能力，遇到一些小事就产生莫名的难以遏制的愤怒情绪，甚至撞墙自残。经神经心理测评后，发现他原来缺失了人脸识别的功能。脸孔识别困难症国外也有大量案例，患者大多在成年后才发现自己有该症状，但人际和社会功能的缺陷已经很难在成年期修正。该儿童由于一年级就接受了心理学和EQ智能课程的帮助，学期末他在赠送给教师的自制感恩卡中写道："感谢老师让我修正了自己。"妈妈告诉教师，这是孩子自己写的，她看到了非常惊讶。教师也非常惊讶，一个患有生心理认知障碍的一年级儿童写下了"修正自我"的心路历程，该是一份多么难得的心智和坚强的心灵力量。即使脸孔识别困难症不能在今后的发展中完全修复，但心理专业的指导适时介入和儿童获得的心灵力量、人格力量已经在其一生中发挥了巨大的潜在影响。本书的教学实践者如遇到严重发展问题的孩子，除非是具有神经心理测评工作能力的心理学教师，否则要尽快转介给专业机构，本书的教学适合生心理发展健康的儿童。提供该案例是让人们更深入地了解到儿童在团体情商教学中，具有自主和自发的成长性，即使患有某种程度认知障碍的孩子也具有我们意想不到的心灵力量。这也是电影《美丽心灵》讲述诺贝尔经济学奖得主纳什终生与精神病抗争的故事感动世界的原因。

除了重视儿童本身具有的能动性、主动性外，我们也不能忽视教师的适时介入和引导，但如果对错、好坏等一切判断都由教师主导，可能会造成如下后果：第一，儿童的独立个性、人格、能力得不到培养，形成依赖；第二，儿童在成长过程中儿童人格会被成人化，会以成人标准要求自己、要求他人，大脑认知与生心理的实际发展不符，眼高手低，从而产生各种心理矛盾。所以，教师或家长如何把握干预程度是需要学习和在实践中掌握的智慧。本书的教学实践部分提供了很多教学过程的参考，实践者可以在和儿童的实际互动中灵活掌握和领悟，另外，写下自己的教学心路是非常重要的。

再补充两个选美竞赛的真实案例，让大家更多了解情感智力在人成长到

20多岁时的状态。一个案例的主人公是一位20多岁的体育健儿，体育运动让她的体态、容貌具有与众不同的健康美、自然美，打破了人们对传统选美的审美标准，她获奖的呼声很高。在决赛的最后一程，是进入五强选手激烈竞争的阶段，之前都是才艺表演、口才展示，进入竞争白热化的最后一程是情感智力的较量、人格底蕴的较量，选手们要打开心扉谈真实的心路历程。这一轮她输了，输在了心态、输在了情感智力。打开心扉，真实的她是不完整的，也是让人不安的。她美丽的面容被自己强烈的竞争意识扭曲，情绪失控、失态，过分激动的她只说出短短这么一句话："我一定要杀入三甲！不让喜欢我的人失望！"这位选手的内心世界显然没有成长好，所以她的竞争意识回不到自我的体验，并且具有攻击性。另外"不让喜欢我的人失望"，她不明白观众喜欢她，是因为她是完整的、真实的、独立的、与众不同的，而不是喜欢为了迎合别人而失去了自我的她。虽然体育运动赋予了她独特的健康肤色、美好的形体，但缺乏了体验自我的情感能力，最终让夺冠呼声很高的她三甲不入。不过，成长历程一帆风顺，总做胜利者，会让人缺失自我检省的情智。前面提到的网球运动员虽然患上了抑郁症，但她能意识到成长中缺乏了失败教育，这份深刻的情绪自我体验反倒让她后来打开了认识自我、认识世界的另一扇窗。

　　另一个案例，在中华小姐总决赛的第一个比赛环节，三个女孩各自在大赛设定的"说走就走的旅行"中展示才艺。才艺表演结束后，主持人向三个选手提问："说走就走的旅行是一个美好的梦想，但现实是残酷的，在以后的人生旅程中你会记住这个梦想，实现这个梦想吗？"其他两位选手都回答会记住今天的梦想，只有一位选手是这么说的："我认为梦想就是脚踏实地做好自己，一步一步实现自己的目标，我很热爱工作、享受工作，在我看来这些才是我的梦想。"人们常说有些人是不按常理出牌的，从通俗层面来说，这个女孩就是不按常理出牌。不但在竞赛的舞台，在学习、工作、生活等各个方面，人们通常都会在不知不觉中被误导。"说走就走的旅行"是大会设定的才艺表演主题，"说走就走的旅行"是主持人假定的未来的梦想。其他两位选手都被误导了，只有这位选手在竞争激烈的舞台坚守了自己的初衷。她的自我认知能力很强，自我意识很独立，不会轻易被他人和环境动摇。如果没有真诚的品格和优秀的心理素质，在这么短暂的问答环节中，人大都会被误导，这既是人性的弱点，也是人才选拔中对自我认知、心理素质的巨大挑战。这位坚守自我、敢于表达真实的选手，征服了多位著名的学界评委，她就是前面提到过的取得了这届中华小姐冠军的卢琳，她担负起向世界传播中国文化和女性力量的重要使命。

对儿童艾利塔的家庭教育研究，是澳洲有关资优儿童研究的其中一个个案，这些不足13岁的资优儿童都有各自超越常人、常态的才华，即常说的天才儿童。而研究者们研究的角度是：只有天赋与智能是不足以成就他们的，那究竟是什么成就了这些儿童的才华呢？通过多方了解、观察，与儿童打开心扉交流，研究者发现资优儿童都具有这些共同特质：正义感、同理心、感受深刻、自我意识独立、能够刻苦钻研，而这些正是丰沛的情感智力。比如艾利塔的正义感、同理心、情感体验就是非常饱满和有力量的，她会为挽救一只快死的龙虾拼尽全力，也会努力保护地球的生态环境等。艾利塔的案例和本书真实记录的儿童心理与思维发展案例，都非常客观地体现了人类高度发展的智力系统——"情智"。

从中华小姐总决赛冠军评选到国外资优儿童的研究，我们可以发现人类虽然有不同的文化，但对卓越品质、卓越自我的追求是一致的。卢琳夺冠的根本原因是她的品质和自我意识，当然也体现了中国越来越开放、包容的心态，以及对女性独立、自由人格的尊重和鼓励。可以这么说，现在以及很远的未来，这些独立、勇敢的自我意识和情感智力才是人才比拼的焦点。比如电视剧《在远方》中的姚远就是情感智力高度发展的人才，虽然他有童年创伤，但这份受伤的情感在人生的历程中，在亲人、恋人无私的爱里得到了疗愈、滋养与升华，化做了对家乡、对乡亲们无私的爱。因为这份在生命里刻骨铭心地升华了的大爱，他努力让乡亲们生活得更好，在创业与成长的路上永不止步，勇敢、主动地接受一个个巨大的困难与挑战，一次次超越自我极限，带领大家走向远方。另外还有电视剧《少年派》中的钱三一，也是情感智力高度发展的学霸，他善于处理复杂的家庭人际关系，善解人意、关心他人、爱护他人，能够温暖、理性地处理自己对异性同学的情感，意识独立、人格独立，不卑不亢，能克忍也能释放。除了通过个性、人格展示了钱三一高度发展的情智外，电视剧也非常恰当地体现了他的情智是如何融入学习中的，如通过春晚提前洞悉了当年的高考热点。钱三一并不是电视剧想象出来的学霸天才，也不是关于天才的传说，他很好地体现了情商的社会适应性和创造力，而这些适应性和创造力需要具有对信息迅速把握，对社会发展能够敏锐观察与感知的能力，这些我们都在前面分析过。钱三一和艾利塔一样，是人类"情智"高度发展的典型，只是因个人天赋不同、成长期不同，表现出来的发展情况和特质不一样。艾利塔是儿童艺术家,她的社会性发展更多体现在艺术联想创造方面,而钱三一是情理兼备的高智商、高情商的学者型学生,因为已经是高三学生,逻辑思维高度发展,对社会的敏锐感知已发展为洞察力了。

我们对当下中外各类优秀人才进行了深度分析,回望改革开放四十年间各个领域卓越的开创者、奋斗者,更加证明了人才在情感智力上的卓越表现。比如已提到的著名雕塑《猛士》的创作者唐大禧院长,另外还有优秀电视剧《外来妹》导演成浩,他在人潮汹涌的南下的列车上,当双眼与一双双民工们的眼睛相遇时,他感受到的是他们寻找新生活的力量,这份力量震撼着他、感动着他,眼泪在一刹那奔涌出来。为生命力量而感动的情感体验、情感共鸣,让他拍摄了感动中国、鼓舞中国的《外来妹》。还有很多卓越的改革者、开创者都有着深刻而超越的情感体验,推动他们成就了造福于人的事业。情感智力不但是人才培养的重要探索领域,更加是世界性的,除了已经提到的国际性教育研究之外,被誉为神级纪录片的《被点亮的星球》,其制作人在回应国际传媒提问"什么是优秀纪录片"时,他是这么说的:"第一,要有全球性视野;第二,能用自己的情感去叙述,串联故事情节。"本书之珍贵,就是能根据儿童的身心特质,循循善诱地打开他们看世界的眼睛,用自己的情感去讲儿童的故事。人才培养,最重要的是尊重生命自身的规律。

归结来说,天性教育并不仅仅是对人禀赋、天赋的发现,更是帮助人探索内在自我、体验内在自我、发展内在自我的教育,培养人在人生长路上不断战胜自我、刷新自我的良好心态和能力。有了良好的个性品质、思维品质,人的原生态才有突破土壤,甚至冲破巨石压迫生长出自己、成为自己的力量,而这股力量正是生存与发展的力量!或许这段话与成浩导演和南下民工相视时,感受到中国农民来自土地的那股强大生命力的情感是一样的!

第四节 生命发展的根基

一、认识生命发展的根基

从出生到小学五年级是奠定人生基石的重要阶段,这个基石并非简单指学生个体的学习成绩、学习能力、个人特长,而是指健康的身心素质,以及成人的养育方式、教育方式、社会氛围与观念。我们已经谈过空谷回音，如果成人给予儿童的教育与养育方式是恰当的，尊重身心成长规律、尊重儿童人格的，我们就会发现儿童对世界纯真而又美好的向往和探索。相反，如果教育与养育方式不尊重身心规律、不尊重人格，也会被儿童全部吸收，成为无意识、潜意识，在整个人生发展中会逐渐隐藏，但又事实存在，起着很多潜在的、关键的影响，人生发生的很多事件，追根溯源不过都是童年不同形式、不同版本的再现而已。

根基，过去偏颇地指学习基础、学习成绩，并且过分强化学业训练，但大量事实已经证明这种方式对学生造成了各种伤害。如果没有生命意识，纯粹的学业训练，轻则塑造学习机器，重则造成各种严重后果。所以，教育应明确是对生命的教育，发展根基并非指单纯的学习基础，而是包含了丰富的生命内涵和生长需要的各种营养。生命发展的根基最重要的第一条是身心健康，教学中可多观察儿童的身体语言，了解他们身体的协调性、开放性等，这些细微、细节也是儿童是否健康成长的体现。

第二条是帮助儿童建立具有独立性、完整性的人格，一个在成人面前能够打开心扉谈真情实感、讲真话的孩子，在人格上才具有独立、完整的可能。在成长中依赖教师给方法、给答案，不敢自我探索，以成人评价标准要求自己，这样的孩子不是过分退缩、胆小，就是过早成人化，没有独立的人格。电视剧《虎妈猫爸》中的毕然，就是一个严重的人格不全者，父亲的打骂教育，五年级时在操场非人道地进行严厉的惩罚，让他的人格与血性被严重摧残、摧毁。这是艺术对事实真相的再现。

第三条是学习素质、素养，这与学习成绩评价并不是同一内涵，学习成绩仅仅是通过数字去评价人的学习能力，欠缺了全面性、客观性与人性。而帮助人发展学习素质、学习素养则长远得多，教育者对学生观察、研究的角度也多了很多，避免了单一、主观的评价给儿童带来的伤害和压力，以及人才培养的巨大损失。

二、学习素质结构

本书也是儿童学习素质、素养研究和培养的教材。学习素质、素养同样是人与生俱来的天性，人的本性既然是为了生存与发展，那么也就包含了学习心理，即使在动物界，小动物在出生后不久就要通过观察、模仿父母的行为去学习生存的技能和本领，学习是与生俱来的。对于智力高度发达的人类来说，学习能力的要求就非常突出了，学校、高等学府、恢宏的图书馆，无不显示了人类因智力高度发展而创造的地球文明。在知识大爆炸，网络搜索、计算机、人工智能正在替代人类记忆、推理、计算等各个领域的大时代，教育更应开阔对人类学习素质、素养的研究，避免传统教学、学业训练、学业评价，忽视人类在人工智能时代对自身的探索与发现。

通过对儿童学习的长期观察，发现学习素质最核心的是学生以纯粹的学习之心去探究，而不是因为喜不喜欢这个科目、喜不喜欢这个教师，学习能给自己带来什么荣誉、什么好处等，这些都是杂念。杂念累积太多，不但学生的学习心理产生偏差与扭曲，也会滋生其他心理问题、心理矛盾、人格障碍。同时，因为学习过程也是人的成长过程，在学习过程中建构的各种心理根深蒂固、盘根错节，形成习惯、个性与人格。

学习素质结构图（图2-4），成长从心出发、学习从心出发，要培养学生可持续发展的学习素质，就要从帮助他们建构健康的学习心理开始。本书教学实践部分在教学展开的过程中，既是对儿童全面的、可持续发展的学习素质的培养，同时也通过儿童的反馈，让我们了解到儿童健康的学习心理是怎样建构的，他们是如何描述自我的。本学习素质结构图不但适合学生，也同样适合成年人。终身学习、终身成长，是现代人适应现代社会高速发展必需的素质。

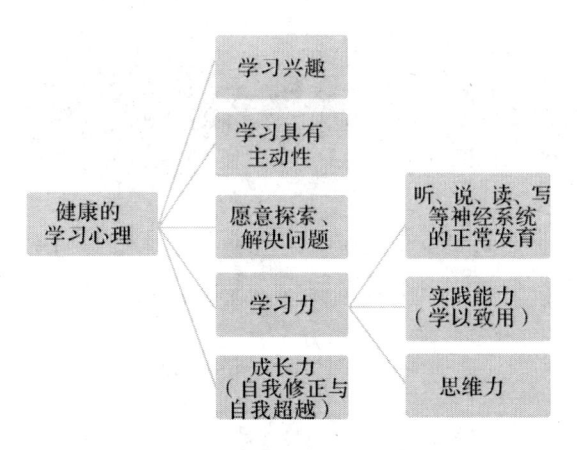

图2-4 学习素质结构图

三、情感智力与生命发展根基的关系

情感智力与身心健康、人格独立、学习素质三项根基的关系：情感智力好比生命发展的种子，是人格健康、学习能力发展不能缺少的启动核心、源泉。犹如计算机的芯片，人如果没有了情感智力这个芯片，学习与成长都是被动的，严重时会带来人格问题，产生人格障碍。如果教育启动了这个芯片，自我认知会更积极、开放，自我探索会更有勇气和主动性。如果教育没有触动和启动这个芯片，那最低限度也不要伤害情感智力胚胎。情感智力也是人一生发展的源泉，在以后的发展中这个源泉会随着人生的历练，继续融入各项根基中，让人格更加丰满，能力、才能不断提高。

如果把人比喻成树，那么情感智力就是生命的种子，身心健康、人格独立完整、良好的学习素质是树根，树根是埋在土壤中的，一棵树有多茁壮，它的根系就有多广阔、根扎得就有多深。但生命的种子一旦缺少了自我推动力（情感智力），就伸展不出自己的根系（图2-5）。

图2-5 情感智力与三项根基关系图

笔者在写作本书期间，也曾收到一些初中学生家长的求助，尤其是学生学习动能不足、懈怠、亲子关系危机等，原因就是生命前期情感智力培养的不足，"芯片"性能低，启动力不够。

第二部分
教学实践与儿童心理及思维发展分析

第三章
情景智力与大脑科学

第一节　情景智力是人类的自然素质、潜能

一、情景智力是优势基因，人类与非人类的发展潜能

情景智力是互联网、人工智能已意识到的重要智能领域，不久前人工智能科学家还认为，人类该项智力暂时是人工智能无法实现的。但由于能意识到，反而让人工智能工作者克服重重困难，超越科学难题。自我意识在宏观上也可以拓展到企业乃至行业，即企业或行业的自我检省、自我突破、自我进步。当人工智能也意识到的智能领域，如果人类在教育领域依旧忽视，那人类社会就难免要衍生各类问题了，所以本书开篇就明确提出了情景智力是人类的重要智能。要强调的是，情景智力并不是现在才发现的人类智力，而是先古人类本就具有，也只有该项智能能力优秀的男性才能获得更好的生存。该研究可参见多元智能之父加德纳《心智的结构》一书，他写到远古人类男性是狩猎的，要狩猎就需要出色的空间智能，否则在恶劣的自然环境、竞争中，人类不是在荒野、森林中迷途就是被动物吃掉。而他谈到的空间智能就是情景智力的其中一项素质。随着人类的发展，形成密集、多元的人际关系、社会关系和社会结构，发展、提高人类自然素质中的情景智力是非常必要的，否则人类在自然素质方面会弱化和退化。发展情景智力，除了体育运动、户外活动外，由于现代人复杂多元的人际、组织和沟通关系，教育提供人际情景的互动学习是必要的，为人类与非人类的发展都提供了潜能发展的平台。

二、情感智力与亲子关系的密切相关性

我们从人类的大脑功能去认识情感智力、情景智力的智力结构。情感智力虽然是通过人的个性、心理素质表现出来的智力，但从本质来说是大脑的功能。大脑是心理的器官，心理是大脑的功能，大脑与心理是两个既同一又有区别的概念。离开了大脑器官谈心理，心理就缺乏了科学的依据；离开了心理谈大脑功能，人类的大脑功能就显得机械性，而非人性。所以，当我们深入研究情感智力，并开展提升情感智力的教学，充分认识大脑功能与心理的关系是非常重要的，也是必需的。0～3岁是情感智力的胚胎期，3～6岁是情感智力的胎儿期。0～6岁是情感智力非常柔嫩的阶段，受到伤害后果是很严重的，前面的案例已经分析过。6～12岁是情感智力的生长期，如果把0～6岁的情感智力比做生命的种子，那么6岁开始，生命就开始发芽生长了。0～6岁，儿童适合在家庭的爱护下、良好的家庭教育下、良好的幼儿教育下，情感胚胎、情感智力受到爱护，这个阶段婴幼儿以健康的身心、安全感、感知觉发展为生长任务。他们的情绪、情感主要和家庭氛围，家长对孩子的态度、教育方式有关，如果为幼儿期儿童开展情感智力教学，那首先应该为家长开设育儿课堂，以及家长进行自身情绪管理、家庭婚姻关系的学习。6～12岁，为儿童开设情感智力发展的课堂是有益的，但如果发现儿童的情绪反应过于强烈，或过于退缩，或攻击，教师都可考虑幼儿期家庭教育的问题或关爱不足，建议家长尽快寻找专业的心理咨询，通过良好的亲子关系帮助儿童修复。良好的亲子关系、温暖的亲子沟通是儿童最好的心理治疗，通过亲子关系、亲子沟通帮助儿童修复心理功能与情感智力，最好能在9岁前完成，每往后一年，无论修复难度还是效果都没有9岁前好。亲子关系不但在心理治疗中具有不可缺少的作用，也是儿童人格健康成长不可缺少的因素。感动人心的案例就是张艾嘉帮助被绑架的9岁儿子进行心理修复的历程，当张妈妈放下一切世俗世界对孩子的要求、期待，和身心受到重创的儿子在大自然中进行疗愈，在埃及的大漠落日中，重新找回自我、找回内心的力量和希望时，儿子在她怀里对她说："妈妈，谢谢你。"这是唯有经历了失而复得的跌宕人生的人们，才能彻悟的亲子真谛、人生真谛。心理师提供专业意见与专业平台，但儿童心灵世界的痊愈、人格的修复，最根本的是亲子关系，最重要的人是母亲。亲子关系是人生命的核心，千言万语、千山万水、千头万绪，人生的书是那么厚，但人生的书也就那么短，一句发自心灵的"妈妈，谢谢你"，是

儿童心理学非常重要的部分，也是人生很重要的部分。这就是亲子关系、亲子沟通对儿童情感智力发展的重要影响，也是情感智力的高度体现。

张艾嘉治愈被绑架的儿子的巨大心理创伤，那时候还没有心理治疗师的指导，她付出的巨大心力还有爱，心理专业人员都能感同身受，就因生命有爱，60多岁的她依旧美丽，创造力惊人，情感表达力震撼人心，所以人生是用爱去成就的。情商是共赢，共赢始于亲子关系，这是人类、人性的原初起点，也是很多事情、因果的起点。我们并不是把压力和责任推给母亲，而是因为明白其重要性，家庭与社会都能给予母亲们良好的育儿空间和成长机会，给予母亲们尊重、支持和理解。没有比育人更难的工程，没有比育才更大的智慧。

三、情感智力的大脑科学

教育不但需要人文，也需要科学的支持，我们从大脑生长过程和功能，理解这一科学事实去讲述情感智力。健康婴儿虽然大脑功能未发育完善，但负责生存的大脑海马区，与生俱来已具有了感受饥饱、冷热、疾病、快乐、恐惧等各种内外信息和情绪的能力。虽然初生婴儿不具有语言能力，但他们可以用哭或笑去表达需要和情绪，这是生存本能与本性。快乐的情绪会促进婴幼儿大脑海马区的健康成长和神经元的生长。丰富多彩、提供探索条件的成长环境，愉悦的家庭氛围，会促进婴幼儿大脑神经网络的广泛链接，使其智力发展得更好。相反，如果婴幼儿期因疾病、不良的生活环境、矛盾冲突的家庭氛围、过多被惩罚和责骂，婴幼儿的大脑发育也会受到抑制和损害，智力发展没有环境丰富、快乐成长的宝宝好。20世纪大脑解剖科研就发现，如果情绪智力出现问题，大脑海马区负责情绪功能的杏仁核也特别小，或发生了病变；而情绪良好的人，杏仁核会更强壮和饱满。丘脑在情绪、感知觉、学习记忆中的功能也不能或缺，而海马体在图像记忆、图像处理方面则特别出色。图像，尤其是立体、动态图像的处理能力是情景智力的重要组成。人即使在3岁前还没有长时记忆的能力，长大后很难回忆起3岁前的具体事件，但负责情绪感受、记忆的大脑海马区却已经烙印了情绪记忆。似曾相识，但又无从记起就类似于情绪记忆，虽然没有具体的记忆画像与情景，但又莫名地感到熟悉。3岁后人开始慢慢具有了长时记忆的能力，但图像记忆、情绪、情感、情景记忆还是会比说理更容易让人记住。这就是家长、教师和孩子讲了很多道理，但他们好像还是那么不听话、不停犯错，要他们不停做题，但他们学习理解、学习能力还是很有限的原因。这不是孩子不听话，而是人类的记忆优势不但在大脑海马区，人类图像思维、图像逻辑的优势也在大脑海马区。当孩子能亲自接触教学实物、实际操作，进行故事角色扮演，观察客观动态情景时，他们才能发挥出大脑海马区的记忆优势、学习优势和情感特质。张艾嘉的儿子被绑架后出现了严重心理创伤，就是大脑海马区被强烈的恐吓情景、恐吓情绪破坏了功能，如果没有得到及时的治疗和修复，心理障碍、人格障碍将伴随一生，社会适应困难，甚至丧失社会适应功能。

所以，情感智力、情景智力对人类尤为重要，不容忽视。当人类社会不断进步，知识不断更新，对人类自身的探索也势在必行，否则人类会落后于科技的发展，被科技掌控、迷失自我。情感智力，是非常值得人类探索自我发展的道路，也是可融于各个学科的教学，让人在学习、生活上更具主动性、积极性和创造性，不但大脑功能被活化，更有助于心理、人格的健康发展。而在科技铺天盖地进入人们的生活，在科技接受岁月的考验，是否毫无副作用地帮助了人类的发展之前，人类回归自我、探索自我生存发展的人文科学也是不能缺乏的远见，情感智力的研究与教学正是这样的远见。

四、0~12岁情感智力发展任务

通过长期的情感智力教学研究与实践，笔者总结了0~12岁情感智力发展任务（表3-1），13岁至晚年期的情感智力发展任务希望以后能出版。

表3-1　0~12岁情感智力的发展任务

阶段	情感智力任务
婴儿期 （0~3岁）	1. 对养育者具有信任的依恋关系，具有安全感； 2. 个性开朗，爱笑； 3. 自信，有好奇心、探索欲
幼儿期 （3~6岁）	1. 个性开朗、爱笑； 2. 具有安全感，自信，有好奇心、探索欲； 3. 在养育者、教育者的陪伴鼓励下，能参与符合年龄发展的团体活动； 4. 与同伴的相处较融洽，不会有过多和过分激烈的人际冲突，能在教养者的帮助下学会与同伴相处； 5. 能用简单的语句表达需要、情绪和情感，懂得求助； 6. 在教养者的引导下，能对行为有一定的自控，不会过度宣泄需要和不满

续表

阶段	情感智力任务
童年期 （6~12岁）	1. 个性开朗、阳光； 2. 自信，爱学习、爱探索、爱挑战； 3. 积极主动参与符合年龄发展的团体活动，与同伴相处融洽，不会有太多或过分激烈的情绪起伏和心理冲突； 4. 在与同龄人的相处中，具有解决问题、处理问题的能力，能较好地处理符合年龄交往阶段的人际矛盾，具有同理心，体谅他人的能力； 5. 与家长、教师的相处良好，懂礼貌； 6. 能表达需要、情绪和情感，懂得求助； 7. 能探索个人的成长领域，比如写日记、发现自己的兴趣爱好等

以上情感智力的发展阶段与情绪、情感、自我认知的掌控、发展密不可分，但如果缺乏了对情景智力的培养，情感智力是有严重短板的。如果忽视人生物素质中本具有的情景智力、潜能，要顺应人的自然天性去发展创造力、解决问题的能力也会很难。

第二节 情景智力教学的情景互动

一、情景互动教学与舞台剧教学的区别

情景互动教学虽然也会运用到儿童舞台剧的表演形式，但和舞台剧有着本质的区别。首先舞台剧是基于一个草拟好的剧本，有清晰的故事发展思路，角色有拟好的对白交流，演员的位置、角度等都有预设的安排。情景互动体验式教学，则是以引导儿童人际互动沟通合作、发现问题、解决问题为主要教学思路，解决问题是要培养他们的开放性思维，而不是为了要一个答案。因为情景问题具有生活性和人际沟通的特点，所以情景具有开放性、变化性、多角度和未知性。每个情景问题，不同组别的儿童会在互动过程中，因为进行不同的交流和对问题不同的处理方式，从而造成不同的后果或结果。比如礼貌得体的表述，可以让矛盾双方得到一定程度的理解，从而减少摩擦和误会。如果儿童还没有学会礼貌的言语交流，或不懂得表述自己内心的感受，相同的问题，因为处理方式、表达方式不同就会产生不同的人际互动情景，

如或和谐、理解的氛围，或引发更多问题与矛盾。这样的变化性虽然舞台剧也会有，导演会根据情景逻辑、故事逻辑、人物个性等进行剧本修改，但舞台剧还是以故事剧情为主导，而情景教学则是以帮助人面对实际生活中的各种变化，体验自我、体验他人为教学目标，允许儿童做多角度联想与多方面的尝试，以观察力、沟通能力、情景逻辑、体验能力、解决问题等人的综合素质培养为主导，即教学始终以人为本、以人为主导。另外，情景问题的变化性也比舞台剧多了很多，因为情景的变化性很多，人的观察、专注、联想与思维也得到了更大的锻炼，所以情景智力是人在电子网络时代再次突破自身、拓展潜能的重要智能领域，以下是详细分析。

二、情景互动体验式教学的作用

情景互动体验式教学对儿童成长的好处是非常多的。第一，观察能力、聆听能力的培养。情景是动态的，人的表情、语音语调也是变化的，所以在互动的动态中，儿童需要细心观察和聆听，这既是能力的培养，也是品质的培养。第二，避免了僵硬的说理及单一的答案。我们都应清楚人际沟通、情景问题都是处于各种变化之中的，随情景变化而应对，这是灵活处理问题能力的培养。第三，情景逻辑的思维培养。儿童要解决情景问题，就需要理解情景的内在逻辑，当儿童对情景的理解不符合逻辑时，故事或解决问题就无法合理地展开。第四，换位思考的感受能力。通过角色扮演面对不同的情景，角色不同感受就不同，这些不同的感受培养了儿童的同理心，情感智力教学很重要的是要培养儿童的同理心。第五，情景时空的切换能力。这是一个高阶的学习能力，也是现代社会的多元发展对人提出的发展要求，如线上线下的情景时空切换，家庭、工作的情景时空切换，以及更多多元时空情景的切换等。情景时空切换能力强，适应力更强。我们会在后面的案例中进行深入分析，读者在实践本书教学时以观察儿童为主，而不是把考察儿童作为教学目的，教学主要是为人类的素质发展提供平台。

情景互动体验式教学提供给儿童的情景问题要简洁，主题要突出，引导儿童处理问题的关键。比如，可以创设这样一个情景场景："遇到学习上有不太理解的地方，你会怎样向老师请教呢？"让儿童通过角色扮演、交流，展开情景故事。如果是非情景角色扮演的实践教学，而是教师提问式的教学，同样的提问相信学生也会回答一些比较理想的处理方式，但这并不代表人在实际情景中能够灵活运用。即使成年人很多时候也有这样的情况，虽然心里懂得、明白，但现实做出的行为和说出的言语却达不到一致甚至相反，何况是成长中的孩子呢？后面章节我们还会分析儿童出现言行不一的原因。

如果儿童长期处于不敢表达、不敢参与情景处理的人际沟通状态，就会形成胆小、自卑、退缩的心理和个性。另外，在现实的学习生活中，每一天都有各种情景和问题在发生，儿童没有及时处理好情景问题而引起的各种误会，会不断累积，慢慢就会成为不健康的情绪和心结。通过经常开展解决问题的情景教学，不但让儿童获得解决问题的角度，具有灵活实践的能力，也避免了不良个性和情绪的形成。

在开展了这么多年的情景互动教学后，笔者的感受是中国教育的整体氛围，给了儿童太多压制与压抑。成人世界很难修正、化解过去成长中外界对他们的灌输和束缚，另外还有不良的教育风气、社会风气对儿童的强压与毒害。成人因为心智没有成长好，判断力不足、自我成长力不足，未经思考、过滤就把社会的负面施加给儿童。希望本书可以让儿童在过分沉重的成人世界中，奔脱出童年的色彩与自由，获得儿童生命的力量、飞翔的力量。儿童怕犯错、怕被责罚的心理在影响着他们的发展，总是要求他们功课要做对的教育方式，太根深蒂固地根植于他们的成长之中，使儿童形成了内向、胆小的个性。如前所述，儿童懂得道理和他们在实际情景中是否掌握了具体的沟通技能、是否能够遵守纪律是两回事。所谓"知情意合一"就是这个道理，当成人灌输了儿童道理，即使是儿童认可的道理，即"知"，并不代表"情与意"能够合一，知情意的合一需要让儿童在实践中慢慢体验、慢慢消化和理解。

中央电视台纪录频道曾经播放过教育节目《正道》，其中介绍了西安一所中学开展情感智力的教学工作，由教学中接受帮助的陈颐农同学自述学习的过程，以及向大家讲述自己是如何从自卑、对抗走向自信与自我接纳的过程。故事详细过程是这样的，陈颐农是先天具有听力障碍的孩子，因为具有障碍所以从小就很自卑，也严重影响了他的人际沟通、人际交往，这让他的脾气很火爆和冲动，经常和同学闹矛盾和打架，自我封闭、个性孤僻。进入中学后，他内心也不希望继续延续小学的成长模式，却不知道如何融入中学的班集体，和同学还是有很多矛盾和冲突。班主任把陈颐农和同学们组织起来，大家把现实中的矛盾冲突通过角色扮演再现出来，陈颐农进行本色扮演。经过很多次角色扮演，大家在故事的情景中、人物的语言沟通中，发现了问题的根源，还有问题的解决办法。陈颐农看到了自己心理与人际问题的原因，并学会了如何与同学实现良好的互动和沟通。

陈颐农既真诚又深刻地剖析了自己在情感智力教学中的心理成长历程："因为听力障碍，我从小长满了刺，这些刺是对我自己的保护，只要有一些伤害，这些刺就会去刺别人。老师没有拔我的刺，因为拔这些刺我会死掉，她是慢慢磨平了我的刺。我打开了封锁的心，敞开了心扉。"

这个初中二年级的孩子对自己的心理成长历程谈得很好，形象、真实又深刻。是的，一个有听力障碍的孩子与外界是难以沟通的。沟通不良，伤害自己和他人就难免会发生，在这样的情况下，孩子会长出自我保护的刺来应对外界环境，既自卑、敏感又对抗。刺已经长出来了，如陈颐农所说，如果教师强硬去拔，他会死的。他用了很形象的自我体验的方式去表达，我们可以这样去理解，如果教师面对这样一个脾气暴躁的孩子，用生硬的批评、惩罚以达到让学生改正的目的，不但不可能，甚至是反效果，孩子会更加感到不能被外界理解，大家都欺负他、看不起他，世界对他是不公平的。而通过情景教学，把平常的人际冲突以情景互动的方式进行表演，在一次次表演中，孩子通过互动、观察，聆听同伴的真实感受，还有教师客观而非批评式的教导，不但看到了事实的真相，还获得了与人沟通、交往的技能。如陈颐农自述，他的刺逐渐在这些细致的引导中被磨平了，坚硬而脆弱的心柔软了、强大了。

这就是情感智力教育的其中一种教学模式，通过情景互动、角色扮演、人际沟通，发现问题、解决问题，不但提升了观察能力、沟通能力、解决问题的能力，更加重要的是在实践体验、角色扮演、换位思考中，获得了心理的成长和人格的塑造。陈颐农的教学案例是一个很高水平的教学，也因为学生在这个时期的思维能力、自我意识、人格的成长，比童年期更加复杂和丰富，所以我们可以通过该案例更加深入地理解情景智力与人格教育。在这个教学案例中，因为学生是通过角色扮演去理解人物和人际互动情景的，陈颐农既是演员又是他自己，他在扮演过程、理解情景问题中就兼具了两个人格角色，他需要在这两个角色、两种情景中交替切换和体验，这需要具有跳出原来狭隘自我的角色转换能力和时空切换的情景适应能力。他扮演的演员角色是十四年来因听力障碍而自卑的自我，而这个时候真正的"自我"却是纯粹的自我，不再受听力障碍影响的自我，全新的自我，空谷回音、客观观察的自我，人格结构中的"高我"。他的高我在过去的人生历程中因听力障碍被压抑了，现在的"高我"像观看电影一般，看着这十四年来受听力障碍影响的"我"是如何在人生舞台上进行表演的。他的高我在具有安全性、接纳性、鼓励性、引导性的情感智力人际学习中被解放出来，在更高的维度看见了事实的真相，实现了自我教育、自我成长，高我也逐渐融入了社会性自我。这种角色转换的能力，戏里戏外感知自我的情景时空的切换能力，在人生的发展中影响是很深远的。现代人在线上线下角色切换能力上的欠缺、情景时空切换能力上的欠缺，是引起心理问题、心理障碍的重要原因。至于人格结构中的高我能够在成长中被发现、被肯定，在情感体验学习中高我融入社会性自我，这个意义就更重大了。比如，陈颐农经历了这样宝贵的学习与成长之后，他从容、自信、阳光，语言表达非常流畅，完全感觉不到是一个有听力障碍的学生。

  陈颐农的情感智力教学专门为他个人而设，但现实是我们并没有这么多的教学资源提供给每个需要单独辅导的学生，所以童年阶段让每个孩子都健康成长，一起赢在起跑线非常重要。本书为小学一至三年级儿童而设，本书的教学适合社会性发展正常的儿童，除非曾经历过严重伤害、家庭不和或极端错误的教育，儿童即使长出刺也是柔软的刺，在学习中刺会自然掉落，和陈颐农一样从内心真正地强大。强大，并不是自大，而是心理的成长、生命的发展，是健全、开放、包容人格的成长过程。在角色扮演中和专注的学习、游戏中，善良与创造性高我是如何融入社会性自我的，我们在艾利塔和陈颐农的案例中都已经深入分析过，使用本书进行游戏教学、角色扮演教学的读者，可以在教学实践中对儿童进行细致的观察。

第四章
教与学的突破

第一节　教与学的新内涵

儿童EQ智能与口才课程为正常发展的儿童而开设，所以把情感智力教学定位于天性教育，帮助人类展现出与生俱来的社会性特质和创造力并进行培育。尊重人类天性的情商教学在"教"与"学"两个维度的突破，既是情商教育的拓展，也是对传统教育的补充，以下是教与学的新内涵。

一、把传统说理教学变成多模式的动态展示

教学根据不同的课程主题进行不同的动态展示，而非传统的、静态的教师讲课、学生听课的形式，如创造性的展示、故事性的展示、儿童情景舞台的展示等。丰富的动态教学展示，让儿童把身与心都融入学习之中。

在小学低年级阶段，儿童的思维、认知加工模式还需要运用感知觉的直观参与，如果缺乏感知觉的直观参与，专注力就不能长时间地集中。教师大量讲课、说理，首先不符合儿童专注力神经心理发展的规律，让儿童背负专注力不集中的成长负担；其次，单一的教师讲课，即使最理想的教学效果也不过是让儿童"知道""记得"某种结果，而不是教会了学生"如何思维"。教育的本质是鼓励人独立思考的能力，符合小学低年级儿童思维与心智发展的动态教学，不但帮助儿童身心的健康发展，同时在动态展示中促进了儿童专注力、思维力的发展。所以，儿童EQ智能与口才是一套通过动态教学教导儿童思维的教学，也是心灵成长的教学。

二、把课堂创造成儿童要经历、体验的世界

把课堂创造成儿童要经历、体验的世界，除拓展了儿童感知觉器官的活动能力、认知与思维能力外，同时实现了儿童的自我教育。

教学不是为了简单地实现教师对儿童的"教化"，而是促进、帮助儿童在学习中实现自我教育，即自信、健康、独立人格的培养。让儿童明白、懂得道理，不是成人说说大道理、讲讲故事就是他们内心真正的获得，或有效地内化为他们的认知。最有效的教育是实现人对自己的教育，要让儿童实现自我的教育，就离不开他们自己的实践。在实践中协助儿童发现问题、分析问题、解决问题，当儿童通过自己的努力解决了问题时，因为是亲身的经历，所以思考与收获都是深刻的，也是儿童从内心信服的，这种对自己的信服会让儿童产生自信与力量感。

要鼓励儿童主动参与实践，就需要把课堂创造成儿童要经历、体验的世界。而这些要体验的世界，对于儿童来说每次都需要面对未知和勇敢进行挑战。这样不但极大地吸引了儿童对课堂的专注和提升积极思考的能力，更重要的是对于正在发育中的儿童来说，动态的教学拓展了儿童感知觉器官的发育和活动能力，促进了大脑神经网络的广泛链接。在互动合作实践后，大家会做很多交流分享，这时候自我、高我都有了更多展示、成长和人格融合的空间。

三、"教"在课堂中占的比例及作用

EQ智能与口才教学的"教"占总教学课时和比例的30%~40%，课堂的主角是学生，而不是教师。"教"分为知识启迪、提问引导、鼓励创造、帮助学生总结四个部分。在鼓励儿童创造能力发展的课堂中，知识是"砖"，人是"玉"，知识启迪的部分是引领，让儿童在知识的启迪下大胆尝试、大胆创造。这样的教学不但扩展了儿童对知识的领悟，培养了创造的能力与精神，同时更有利于儿童发展健康积极的学习态度与热情，形成终身热爱学习的人格特质。

在课堂中教师是教学的组织者、引领者、发现者、总结者。发现，是发现儿童在实践与创造过程中展现出来的个人和团体特质，包括能力特质、心理特质、思维特质、个性特质等。教师恰时、恰当地给予儿童与家长总结和点评建议，既鼓励了儿童个体优秀品质的发展，也引导了儿童团体、家长团体互相鼓励、欣赏、学习、提建议的良好氛围。"教"是以发现每个儿童的优

秀品质带动团体，也以团体的力量影响每个人、带动每个人，实现个人发展与团体发展的和谐统一。个人发展不失个性，个性融入共性、推动共性，共性又形成新的合力，再次发展每个人的个性。这就是儿童良性的社会性发展，也为人才培养、社会和谐共进，奠定了坚厚的根基。

四、"学"是师生之间、学生之间平等与尊重的交流，是多角度思考能力的培养

如果教师的提问都必须有一个标准答案，或者不是对就是错，不但不能拓展儿童的思维能力，也禁锢了儿童的心灵。儿童会在这样的学习中越来越不自信，因为他们不能相信自己的所思、所想，如果答案都只存在于书本里、教师的评定里，对于生活经验有限的幼小儿童来说，又如何敢于表达心中的想法？只需要几年时间，人的思维模式就被固化了，人的自信就被打败了。这样的教学方式不是在教导学生的思维和培养学习的能力，而是在考儿童的记忆。

EQ智能与口才教学为孩子的"学"提供了多元化的交流平台，学习提问没有唯一的、标准的、只有对和错的答案，而是在多元化的人际互动、实践、交流、探讨中，发展儿童多角度思考的思维能力。每个孩子都可以表达不同的想法，而教师引导儿童在相互平等、尊重的团体氛围中互相学习、分享、点评与成长。"学"成为师生之间、学生之间平等与尊重的交流，这种"学"的方式与氛围，培养了孩子既独立又能聆听、接纳广泛意见的多角度的思考能力，也培养了自信与谦虚的品格。

五、"学"就是鼓励学生亲身体验与尝试，就是合作与创造，就是引领儿童走在健康、蓬勃的发展轨道上

如果"学"只是局限在对书本的文字认识、语句的理解，停留在记忆与背诵，这些"学"是浅层次的学习。深层次的、更有效的学习是鼓励学生亲身体验与尝试，举一个常用的教学方式，如角色扮演，引导学生在情景中思考、想象角色的个性、语言、解决问题的方式，这样的学习是非常深刻和有效的，因为学生需要调动全部身心去思考、感受、体验。让学生进行角色互换再次解决问题，孩子不但会发现每个人都有不同的解决问题的方式，同时

也发展了他们换位思考的能力。这些实践性的体验，是书本、成人讲再多道理都无法实现的儿童自我教育的好方法。

"学"就是合作与创造，当教师布置要解决的问题之后，学生的"学"是通过合作与创造去完成，他们需要和同伴有良好的沟通、交流、合作才能交出比较理想的团体作业。这既给予了团体里的每个孩子发展、发挥的空间，也让孩子感受到团体合作的力量很大，创造是无限的。当每个人都可以发挥想象与创造时，教师有效地整合好这些力量与资源，将会极大地推动教学往前走。教学能往前走、往前探索，其实质是儿童团体处于健康、蓬勃的发展轨道上。

六、"学"就是对人才的发现，就是实现因材施教的途径

如果把"学"仅仅看做因为儿童无知所以需要学习，这样的想法只是把儿童视为被动的人，很难实现尊重人、发展人的教育，灌输式、填鸭式教育就难免了。人都有主动性，而非只能被动地接受，教学要善于发现与发挥儿童的主动性。探索性、实践性的学习模式是对儿童成长主动性、主动学习能力的培养，因为给予了儿童开放性的自我展示空间，所以他们在"学"的过程中会自然地流露出不同的个人特质、个性特质、思维特质、心理特质、能力特质等。当儿童的个人特质得到鼓励与发展，并通过探索适合自己的模式进行学习的时候，儿童的各项主动性就在实践中被自己、被教师发现，并受到鼓励，实现了因材施教。这样的"学"是对人才的发现与培养，也为心理、行为具有某些偏差的儿童实现了有效的调整。

第二节　教学艺术

当理论和实践不断结合，从灵活娴熟地运用理论、教学资源，再到创新、总结、升华，逐渐形成个人的风格，教学就体现了教学者的个人教学艺术，并传递出教育的力量，深入学生的心灵。我们都明白教育是春风化雨润物无声的，情感智力教学更是这样，像柔和的春风细雨，化解、转化人们心中的愤怒、抑郁、自卑等各种情绪与人格的负面。教学中人格的温和、温厚和圆融的力量，和艺术大师创作艺术作品时专注而深刻的思考，心灵对作品所付出的温度与力量是一样的。本书为小学一至三年级儿童而设，新生命如非经历了错误的对待，春风化雨的情感智力教学主旨，会让新生命充满力量地长出嫩绿的芽、绽放内心的花……这就是情感智力的教学艺术。

一、善于总结，乐于分享，发展品质与包容力，这是情感智力教学的魅力，也是情感智力教育的导向

EQ智能与口才教学，是一个提供给儿童实践性学习的园地，儿童在实践的过程中除了会创作出他们自己的故事、儿童剧之外，还因为他们自己就是这些小故事的作者、导演与演员，所以在这些创作与表演的过程中本身就会有很多他们合作时的小故事，如思路、摩擦、意见不统一，还有儿童发展过程中本身的顽皮，等等。这些"戏里戏外"的思维火花、合作火花、解决矛盾的方法等，都非常值得教师关注并帮助儿童总结。在教师鼓励性、建议性的总结中，儿童会从更高及更多的角度认识自我、认识团体，即情感智力的发展，同时对学习更加充满动力与热情，建构良好的学习心理与发展良好的学习素质。这些情景智力与人格结构分析，我们都在前面讲过。教学小结、总结可以贯穿在每个合适的教学环节，也可以是每节课的课前与课后，邀请家长分享或总结。笔者除了会和家长们分享孩子们创作的故事、儿童剧之外，还会把孩子们精彩的课堂感受介绍给不同的儿童团体、家长团体，让大家在共同的学习中获得心灵的洗礼与成长的力量。

举一个教学分享案例，有一个小学一至三年级的儿童团体，5个人合作创编了一个儿童舞台剧，其中故事创意是由一个一年级儿童提出的，其他几个较高年级的孩子认为这个创意非常好，便采纳了，并进行了合作表演，表演非常精彩，获得了同学们的热烈掌声。教师问这组孩子他们怎么可以有这么棒的合作，三年级的组长是这么说的："在小组合作中，听到小鹏的想法非常符合这首绕口令，大家就认同和尊重他的意见，决定采用他的想法。"根据这组的表现，一年级的孩子获得了创意之星、组长获得了优秀组长的荣誉，还有一个大胆用肢体语言创造角色，推动了故事发展的孩子（身心智能在实践中的体现），获得了学习之星的荣誉。

教师不但是课堂的组织者、启迪者，也是非常重要的引导者，如果教师只关注儿童解决问题的质量、故事创作或做作业的质量，即只关注结果，在儿童的意识中就会以成人的评价作为衡量自我的标准，能较好完成任务的儿童容易滋生骄傲情绪，不能较好完成任务的儿童会自卑。当教育者引导儿童分享故事创作、合作的过程和细节，这样除了不会因过分强调结果而给儿童带来负面影响之外，更重要的是促进了儿童的元认知和自我认知的发展。另

外，也让教导者及时了解到儿童的心理状态和想法，肯定、强化了正面与积极的思维，负面和消极的思维得到了及时的修正。纯真的儿童在这些现实情景的团体动态教学中是很真诚的，对于他人的长处他们不会嫉妒，对于自己的不足他们会勇敢修正。我们谈到过空谷回音，情景动态教学体现了儿童对世界具有空谷回音般的学习能力——教育只需要给孩子展示真实的情景、真实的问题，他们就会有看山是山、看水是水的学习能力。

除了在课堂和孩子们分享每个细节与历程，教师还这样和家长们分享："这么多较高年级的孩子接受了一个低年级孩子的意见，不带有因为他比我们小，他就比不上我们的偏见，这就是孩子对人平等与尊重的合作精神，是值得大家学习的榜样。而一个低年级孩子敢于在高年级孩子面前表达自己的见解，这就是自信。获得学习之星的孩子，虽然没有角色的台词，却投入了对故事的理解，用自己大胆活泼的肢体语言创造了角色，带动了故事的发展，这就是学习能力的体现。"家长也在一节节的教学分享中，懂得了放慢自己的心去体验和孩子共同成长的历程，不但为家校实现因材施教提供了开放、客观的教学平台，也为亲子关系、亲子沟通、家庭教育建构了平台。所以，情感智力教学非常符合社会发展趋势，也是各方的共赢。

二、活跃自我身心，用教学热情启迪他人，鼓励儿童以舒展的身心、专注的态度进行创造性学习

健康儿童的身心本来就是活跃的，但会由于环境比较陌生，或不自信，或还没有适应教学模式等原因，而显得比较安静或被动，需要教师的带动。教师可以在教学开始的朗诵热身环节，把恰当、活泼、大方的肢体语言与表情融入朗诵中。把朗诵的情节性、故事性、趣味性，甚至故事角色的情绪变化和个性，通过一首简单的绕口令或儿童诗歌展现出来，这样的学习方式趣味性、启迪性、游戏性、创造性是很强的。对于小学低年级儿童来说，语言学习不应是冗长的，故事性、表演性、趣味性、游戏性的教学会更符合这个阶段的儿童。教师通过充满动感、动态的儿歌朗诵表演方式，激发了儿童对语言学习的浓厚兴趣，儿童的天性会让他们自然模仿学习。这时候教师可以鼓励他们创造自己的朗诵表演方式，鼓励儿童通过自己的理解，各自用肢体语言与表情去演绎。我们会看到即使同一首儿歌，会有很多表演方式、表达方式，这时候教师就要明白孩子已经在他们的天性中自发地进行创造性学习了。

教师要鼓励、培养儿童的学习能力、创造能力的发展,除了对语言表达艺术具有一定的理解与造诣之外,很重要的是首先要释放自己的创造力,教师的榜样就是儿童的学习启蒙。当教学的氛围是轻松的、愉快的、鼓励的、创造的,儿童的身心就会得到舒展。用舒展的身心,但又专注的态度进行学习,儿童的创造潜能、学习能力就会得到充分的展现。我们需要有一种新的但又是事实的认识,那就是儿童的学习能力并不只是停留在书面的作业,那仅仅体现了学习能力的某些部分,儿童用肢体语言、朗诵语言、表情等综合了身心创造出来的表达方式,也是非常重要的学习能力,同时也是综合素质的体现。所以,教师要善于观察儿童身心舒展时的学习表现,那就是他们各自不同的天性与特质。

三、善于聆听童言,鼓励儿童创造性语言的表达

每个孩子都是诗人,每个孩子都是科学家、哲学家,儿童的语言是诗性的,当教育为他们提供的是开放的、温暖的、鼓励的环境时,他们的心灵窗户打开了,内心的想法自然流露出来,他们的话语像诗歌语言一样动听,充满无穷与美丽的遐想。这些与语法是否熟练无关、与聪明与否无关,教育不是在了解孩子之前就先给他们定一个模式、一个标准,让儿童敞开心扉、自由表达,他们往往能给予人们意想不到的惊喜,这就是天性。不要一开始就用严肃、严谨的语法去要求孩子,当孩子还不熟练这些的时候,会为了完成这些学习任务而不能让内心的想法得到舒展,如果惩罚孩子的话,孩子会害怕或恐惧。严谨、正式的语法表达方式(包括口语与书面语言)需要慢慢在成长的过程中、学习中完善,让儿童的身心、天性得到健康的发展才是教育最重要的前提。特别反对儿童语言艺术学习的考级,没有比健康的身心、舒展的天性更重要的学习。

教学实践部分记录了儿童口述创作的故事,在儿童表达内心故事、想法的过程中,教师善于聆听童言,能感受到他们内心的纯真与创造时,就能帮助他们在表达中获得提升。例如,当儿童有一些想表达出来的想法,却没有合适的词汇表达时,教师可以帮助提供合适的词汇,以及帮助他们在故事表达中将断断续续的语句连接起来等。在儿童表达时,教师是一个协助者的角色,最重要的是要肯定儿童符合故事发展逻辑的想象和创意,这是儿童学习动力的源泉,也是发展的源泉。

四、游戏教学，把情感智力的发展融合到游戏的过程，把课堂化做温暖童心的童话

游戏是儿童成长的土壤，可以说每个人的童年都是在游戏中长大的，游戏为儿童未来不断增多的社会性发展提供了预演的经验。教学中融入游戏，游戏中学习，学习中游戏，符合儿童的天性，在有组织的教学设计下，能帮助儿童健康地成长。

由于游戏本身具有竞争性、合作性，所以成败得失的体验激励着儿童不断尝试，在不断尝试中，儿童的思维能力、解决问题的能力、交往交流能力等综合能力都得到了发展。而在这个过程中，儿童会产生各种不同的情绪，成功时激动、兴奋、喜悦，失败时难过、伤心、自卑或不服气，还有在每次不同的挑战中面对困难的不自信、胆小等，儿童产生的情绪是多样的、复杂的。正因为儿童具有多样的、复杂的情绪与情感，才显示了儿童和成人一样都是完整的人，而这为情感智力的发展提供了契机，为成人引导儿童的情绪、情感的健康发展提供了机会，让儿童人格更完整、完善，内在自我获得了力量感。儿童快乐地成长并不是意味着没有困难和挫折，并不是意味着他必须受到关注、得到荣誉；相反，困难与挫折的体验在成长中也是重要的，也是情感智力的发展。如果在成长中情感智力一直被忽视、被压制，不但抗挫折素质会很差，人格也会很单薄，甚至被扭曲。抗挫折教育、自信心教育、社会常识教育、礼仪教育、集体教育、爱的教育等，完全可以融合在游戏的过程中，因为孩子正在经验这些历程，这些引导和教育对于他们来说是体验性的，也是他们的情感能够接受并内化的。

但是我们也要懂得儿童的心理，儿童情感智力的培养不应是刻板的、说理的、成人化的，上述抗挫折教育、自信心教育、社会常识教育、礼仪教育、集体教育、爱的教育等，除了教师在儿童发生种种情绪过程中给予鼓励、引导、调整等多样化的指导外，还需要以儿童乐于接受的故事方式、童话方式等这些温暖的童言给予强化，加深他们的体会和理解。课堂具有温暖儿童情感的教学氛围，会让儿童对课堂、集体、教师、学习产生自发的热爱。

教学实践中的内容都是以游戏方式、童话方式、儿童舞台剧方式实现的。教师在儿童游戏的过程中，除了关注他们合作创造出的儿童精神、儿童文化外，还要注意他们在这些游戏、合作过程中的各种情绪与态度，及时给予恰当的引导。

五、朗诵的创造性与故事性结合的情景教学

儿童EQ智能与口才是跨越了两个领域的教学，口才是能力部分，因为教学首先关注儿童的心灵与内在，当他们的内在得到了滋养，外在语言也会展示儿童的内在素质，两者是相互体现、相互促进的。

儿童语言的基础积累离不开朗诵，单纯的发声练习、照本读书的朗读，并没有把朗诵在儿童发展中的作用更好地发挥出来。把朗诵进行创造性与故事性结合的表演教学，可以激发儿童更大的学习兴趣与热情，学习不再仅仅是背和读，而是可以进行创造表演的学习，连绕口令朗诵都可以变成伙伴们共同创作表演的小故事，对于儿童来说都是新奇的、好玩的。而这些玩又并不是散漫的玩，而是有目标、有逻辑意义的学习，对儿童学习能力的发展意义深远。

六、儿童团体故事创作的教学方法

听故事、讲故事是儿童所热爱的，也是他们成长的土壤。教学以故事为启蒙和开展形式，鼓励儿童在故事创作中，发展丰富的联想能力、理解能力、逻辑能力、合作能力、口语表达能力和自信开朗的阳光个性。

故事创作的教学目标并不是刻意构造一个完美、完整的故事，儿童在不断的尝试学习中、在教师的教学指导中，这是自然的可慢慢实现的结果，儿童在故事创作过程中的丰富体会，才是比结果更重要的经验与成长历程。在创作中儿童要挑战联想，并和团体其他同伴的思路不断融合，从而形成既符合逻辑又充满悬念、悬疑的故事，对于他们是兴奋的、激动的。同时还能聆听到其他儿童团体的故事，这些对于儿童来说都是非常丰富的精神享受，也是不断自我成长、自我强大的精神力量，综合素质、综合能力的发展也就不言而喻了。

因教学时间的限制，每次团体故事创作基本分成四个步骤，循序渐进启迪儿童进入团体故事创作的高潮，教学实践部分有详细的步骤划分。因为时间有限，要在短时间里编出一个有结局的完整故事并不是目标，在团体教学中未能完成的故事会让儿童对故事联想和创作更加有兴趣。最好的教学目标，就是能够引导儿童自觉地把课堂习得的能力和兴趣延伸至课堂之外。所以，当团体故事未能在课堂中完成时，教师可鼓励孩子回去继续编写。

儿童第一次进行故事接龙创作是有难度的，所以教师的启发、引导、鼓

励很重要。在孩子们的故事创作中，教师是一个促进者，教师首先要有一份快乐的情绪，通过自己去感染孩子，让孩子们感受到创作故事是一件有趣快乐的事情。教师是绿叶，也是照耀花儿的太阳，要引导花儿的绽放。

在团体编故事中，引导过程如下。

（1）确定好孩子们编故事的顺序。

在比较活泼的儿童团体中，有时候会遇到孩子们争抢要第一个先说，可以用划拳的方式让孩子们确定顺序。在比较安静的儿童团体中，可以鼓励思维比较活跃的孩子第一个先说，通过第一个孩子开头，让后面的同学慢慢打开思路。

（2）思路的引导。

在孩子们的故事创作中，第一个孩子的角色较为重要，开头比较好的孩子，自然而然会启发其他同学打开思路。如果孩子们的思路都打开了，教师可以在一旁认真聆听，帮助他们修饰一下语句，或者重复孩子们讲过的话，让后面接故事的孩子能听得更清楚，也有一个思考的时间。

如果遇到孩子们的思路打不开，如故事中一个孩子说"小女孩和爸爸来到海滩上搭建房子"，下一个孩子没能接上，教师可以这样引导，"小女孩和爸爸在搭建房子的时候会做些什么呢？可能会需要些什么东西？或者在搭房子的时候他们会发生什么其他的事情呢？"教师启迪各种符合故事发展的可能性，没思路的孩子就比较容易产生联想了。在思路的引导中，尽量不干预孩子们的想法，把教师思考的故事情节强加进去。否则，故事或许会更精彩，使他们表现得更好，但这不是孩子们自己的思考和进步，反而会依赖教师为他们编故事。

（3）故事的回忆和修饰。

在孩子们的故事创作中，教师需要一直保持活跃的态度，对他们的故事很感兴趣，很乐于听取他们的创作。比如，可以鼓励他们"这个衔接很好""这个想法很棒""你把故事变得很奇妙、很有趣""因为这个创意，故事的发展更有悬念了"等，也可以在重复他们说的故事时，加上自己一些活泼的肢体语言和丰富的表情，让孩子们感受到创作故事是一个快乐的过程。

在故事差不多连成一个雏形，或者孩子们已经接不下去的时候，可以让孩子们重新把故事一句一句地复述一遍，增强他们的记忆力，或帮助他们理顺句子和修饰句子，把故事说得更加动听。最后让孩子们为故事定一个题目，在几个孩子都说出题目时，可以用民主的方法，让他们投票选取一个题目。

七、各种艺术形式在教学中的运用

艺术在教学中可以起到启迪联想、增强情感体验的作用，合适的艺术素材，对于启迪儿童的联想思维，增强学习的情感体验有着非常重要的作用，在安抚、稳定情绪，增强专注力方面作用也很大。

各种艺术形式在教学中的运用，在教学实践部分有详细介绍，实践者可在教学中灵活掌握。

八、摒弃说教，让儿童在人际互动中感受，发表见解，在交流、探索中成长

培养儿童情感智力、健康人格的发展，很重要的前提是尊重。无论家庭、学校，还是专业发展儿童情感智力的课堂，人与人之间相互尊重的氛围就是培育健康人格的沃土。情感教育不是说教，而是在实践过程中情与理的相融，情与理的相互推动。情，就是实际情况、情景、互动、变化、自我感受和他人感受；理，就是分析，发现问题、解决问题，自我认知、自我分析、自我监督与团体公平。EQ智能与口才课堂，让儿童内心情与理的发展都有了很好的表达途径，教师引导鼓励儿童在既活跃又相互尊重的氛围中发表看法，是非常好的人际互动平台。情感智力很大部分是在人际交流、学习生活实践中得到发展的。因为教学系列是以师生互动、学生之间的合作互动，而不断产生思维火花、成长火花，所以在每个教学环节都设有空间让儿童发表创意、见解、感受和总结。教师在每个环节中抓住这些契机，引导儿童以相互尊重、共同进步与成长的态度发表意见，教师也恰当地表达自己的看法。

要做好情感智力教学，教师营造既尊重又活跃的课堂氛围是非常重要的。教学举例，有的学生在刚开始学习发表建议时，他们会习惯平常的交流方式："那个某某某，他说话的声音太小了，我觉得不好。"我们可以引导孩子这样说："每位同学都有自己的名字，某某就是他的名字，在别人名字前面再加上'那个'是不礼貌、不尊重别人的说话方式，以后要改正。我们是这样发表对别人的建议的，'某某同学说话的时候声音比较小，我建议他可以响亮地说，这样我们会听得更清晰，能给他更多好建议'。听，孩子们，我们这样给予别人建议的时候，是不是更让人舒服，也更让人接受呢？"

一个让儿童心悦诚服、相互尊重的情感智力课堂才是一个成长的课堂，

和大家分享一名三年级学生在情商课堂中的一句总结:"当我们向别人提意见的时候,要用帮助的态度,而不是指责的方式。"这句总结是孩子在情景式儿童人际交流互动中,通过观察不同同学对同一问题的处理方式之后所领悟的。更精彩的是他的父母在聆听了他这句精彩的发言后也进行了反思:"是啊,平常我们教导孩子的方式是不是也应用帮助的态度呢?我们对孩子的指责是否太多呢?"什么是一个尊重的课堂和相互尊重的氛围?或许这个小故事就是一个很好的体现。引导与鼓励孩子表达看法的课堂,会聆听到孩子很多精彩的发现,也会聆听到他们的心声,这就是EQ智能与口才课堂的魅力。另外,让课堂的精彩得到延伸,让更多人获得成长,也让更多人生活在和谐、尊重、平等的氛围中。

在后面的教学实践部分,会通过每个实践的环节、细节,更形象深入地让读者体会情感智力教学。因为情感智力、情景智力是崭新领域,情景具有无限的变化性、可能性,或许是给人类带来下一个文明创造的巨大智力潜能,也是人类大脑、身心智能进化的契机,所以本书尽可能在实践细节中再详细分析,也建议教学实践者在实践中敬畏生命、细致体验、谦卑践行。

第五章

教学实践第一单元《美丽的大世界》

第一节　单元简介及情感智力教学图

每一节的教案都分为两个部分，共两个课时。第一部分主要是"知"，第二部分主要是"情"与"意"，但两部分又不是完全割裂的，知的部分也包含情与意，情、意的部分也包含了知，所占的比重不同而已。知情意在教学过程中的相互交织、推动、回旋起伏、多姿多彩的教学过程，既让儿童专注学习、主动学习，热情动感地参与学习，也是情理兼备综合型人才的培养，让生命在成长的过程中有力量成为真正的自己。每个教学环节是一种绵密的编织，像绣花一样细致的教学过程，儿童的思维、心理也会在学习的过程中细致、坚实地建构起来。由于是绵密编织的多元智能教学，所以教案也尽可能详尽地展示给读者（图5-1、图5-2）。

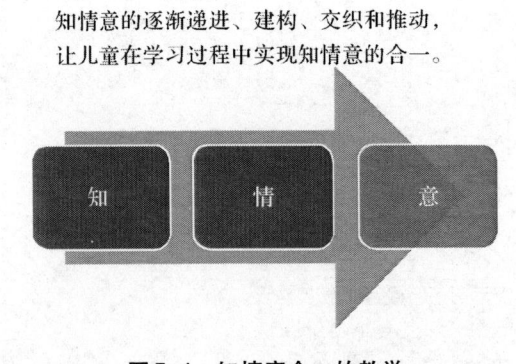

知情意的逐渐递进、建构、交织和推动，让儿童在学习过程中实现知情意的合一。

知　情　意

图5-1　知情意合一的教学

图5-2 情智教学的实践道路

对于刚刚擦亮眼睛，带着朦胧思考看世界的儿童来说，自然界、万物都是他们所热爱与向往的，也是促进他们思考的最好、最大的课堂。而童话的引入与表达方式，则契合了这个年龄儿童的心灵需要与思维特点，所以教学从引领儿童对世界的观察与思考开始，与童话教学、童话联想表达融合在一起，促进儿童口语、心灵、联想、情感、合作能力的全面发展。

联想能力的培养与干枯的说理是无缘的，培养儿童的联想能力，需要教学技术与教学资源的综合运用，合适的音乐、图片、小电影、游戏等的综合运用有助于儿童联想思维的拓展。教学实践中附设了这些参考使用的资料，教师可以根据实际情况进行教学辅助资源的制作。图片及教学视频的制作，要符合这一年龄发展阶段的心理需要，如色彩要明动、温暖、活跃，图像不是刻板的卡通，而是具有诗意与灵动的美感。

在第一单元中，情感智力培养还体现在团队的合作、互动中。这个年龄段的儿童难免会有任性、自我中心等个性特点，通过团队合作精神产生的童话作品，会让儿童感受到团队合作的力量，从而慢慢调整不良个性。所以在这个带领的过程中，教师适时、恰当的启悟是重要的，没有不讲道理、教不了的孩子，关键是让儿童在发展的平台上客观地认识到自己与集体的关系，从而实现自我与团体的共同发展。比如，当儿童在团体合作中共同创作出优秀作品时，对于他们自身来说是非常愉悦的精神享受，甚至激动，有很大的成就感。这时教师可以适时导入鼓励儿童："对，一个人可能创作不出那么多的好故事，但是几个同学联合在一起，主意就多了很多，故事就精彩了。这就是团体合作的力量，所以我们要学会与同伴友好交流和相处。"在强大的精神交流、享受与自我成就感中，儿童心灵与思维的发展是不可估量的（图5-3）。

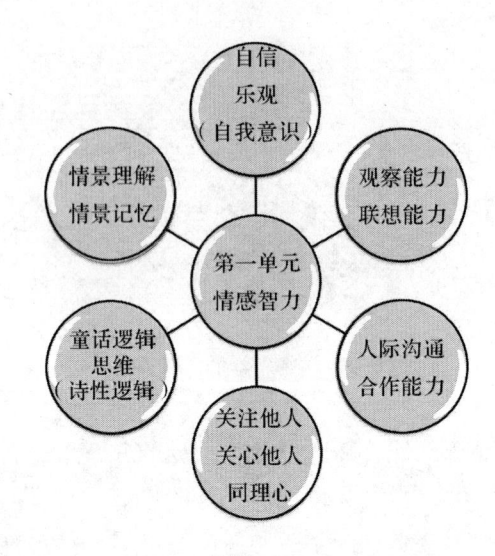

图5-3 第一单元情感智力教学图

第二节 第一课《美丽的自然》[①]

（课时：90分钟）

一、教学纲要

表5-1 第一课《美丽的自然》教学纲要

环节	教学时间	环节
第一部分 学习热身与启蒙（45分钟）		
环节一、 歌舞热身	3~5分钟	调动儿童身心热情参与到学习中（参考选用：儿歌《种太阳》）
环节二、 演讲小舞台	5分钟	1. 促进儿童认识团体及被团体认识； 2. 促进儿童团体的形成； 3. 提升儿童个人自信心

---

① 备注：课程结构会根据每节课的实际教学内容做微小的调整。歌舞热身环节教师可根据实际情况选用或不选用。时间分配是参考建议，教师可根据实际情况，如团体人数、儿童发展情况做灵活的安排。

续表

环节	教学时间	环节
环节三、 绕口令热身	15分钟	1. 促进儿童语感能力发展； 2. 培养语言学习的浓厚兴趣； 3. 形象思维的培养； 4. 朗诵能力的培养； 5. 思考能力的培养； 6. 语句组织能力的培养； 7. 听、读能力与表演能力的培养； 8. 对大自然的热爱与探索精神的培养
环节四、 学习提问	5分钟	1. 引导儿童联想能力的发展； 2. 对大自然观察与感受能力的启蒙； 3. 思考能力的培养； 4. 语句组织能力的培养
环节五、 《大自然故事串、串、串》	10分钟	1. 培养儿童的观察能力； 2. 激发儿童的联想能力； 3. 激发儿童故事创作的热情； 4. 激发儿童团体合作、团体创作的精神； 5. 培养逻辑思维能力； 6. 培养口语创作表达能力
环节六、 休息	5分钟	

第二部分
儿童团体即兴口语故事创作（45分钟）

环节七、 大自然童话启迪	5分钟	1. 启发儿童组织故事的能力； 2. 启发与培养儿童语言表达的艺术，如语速、语调、情感、表情、肢体语言等方面； 3. 培养儿童聆听与复述故事的能力
环节八、 儿童团体即兴口语故事创作	35分钟	1. 培养儿童观察能力、语言表达能力； 2. 培养儿童故事组织与表达的能力； 3. 培养儿童团体合作的精神； 4. 培养儿童形象思维与逻辑思维的发展

续表

环节	教学时间	环节
环节九、儿童学习感受表达与教师的总结或鼓励	3分钟	1. 引导与发展儿童对学习的感悟能力，鼓励自主学习精神的发展； 2. 了解儿童真实的学习情况，及时对教学做出调整并进行个体的发展指导
环节十、歌舞结束	2分钟	让儿童再次在歌舞中感受学习，加强情感记忆、情景记忆能力，潜移默化培养情感智力

备注：1. 因为每一课的教学流程基本一致，所以本书只显示第一课和第二课教学纲要给读者参考，请读者仔细阅读每课的教学实践；

2. 教学实践选用的绕口令均是笔者的改编。

二、教学实践

表5-2　第一课《美丽的自然》教学实践

第一部分 学习热身与启蒙（45分钟）	
教学环节一、歌舞热身（3~5分钟）	
1. 教学目标	活跃儿童身心，热情参与到学习中（参考选用：儿歌《种太阳》）
2. 教学内容	带领儿童进行3~5分钟歌舞热身，教师设计好舞蹈动作，带领儿童边唱边跳，鼓励儿童身心的积极发展
教学环节二、演讲小舞台（5分钟）	
1. 教学目标	①促进儿童认识团体及被团体认识； ②促进儿童团体的形成； ③提升儿童个人自信心
2. 教学导语	同学们，大家好！欢迎来到新团体共同学习！现在请同学们轮流走上讲台做一次简单的自我介绍，让老师、同学都能认识你。比如，介绍你的名字、年龄、学校，或任何你希望大家了解的方面
3. 教学注意事项	儿童面向大众做正式的自我介绍，这在他们的成长历程中是很重要的体验和超越，会给儿童留下深刻记忆。所以，教师的温暖和鼓励对他们非常重要，哪怕是一个鼓励的眼神，善用这个教学环节是非常重要的

续表

教学环节三、绕口令热身（15分钟）		
1. 教学目标	①促进儿童语感能力的发展； ②培养语言学习的浓厚兴趣； ③形象思维的培养； ④朗诵能力的培养； ⑤思考能力的培养； ⑥语句组织能力的培养； ⑦听、读能力与表演能力的培养	
2. 教学内容	①朗诵内容	**绕口令：小猪** 小猪去犁地，扛着大锄头。小鸟找朋友，唱歌在枝头。小猪抬头瞅，猪头撞树头。树头挡锄头，锄头砸猪头。猪头怨锄头，小鸟笑猪头。
	②教学道具	手工制作小锄头、小猪的形象设计、小鸟的形象设计
	③教学步骤	A. 教师用身心表演进行朗诵示范： 教学备注：如果家长使用本教材，也采用如此朗诵方式，亲子之间这样的游戏学习，不用担心会失去家长权威，而是让孩子从心里和父母亲近，学习兴趣由心而发。这也是家长尝试从儿童的视角看世界、发现世界的开始。人格平等并不仅仅是认知里的，更是在实践、互动中体现的	教师配合肢体语言进行示范朗读，让儿童感受正确的读音及朗诵节奏，从肢体、表情到语言均展现出小猪的神态、个性，因被小鸟的歌声吸引而发生的有趣故事

2. 教学内容	③教学步骤	B. 教师带读： 教学备注：这首绕口令看似简单，但对儿童的朗读能力、认知能力是很大的锻炼，具有很强的画面感。教师在朗诵时可以加强表情与情景的想象表达。儿童在这个年龄阶段，丰富的表情与情景想象不但能点燃他们的学习热情，也促进大脑神经元的生长和大脑神经网络的广泛联结	让儿童熟悉朗诵，了解绕口令的内容，并板书清晰指导头、走、瞅的发音区别
		C. 学习提问： 教学备注：b提问是开放性问题，学生会有不同答案，教师可尊重不同的回答，逐渐引导到好奇心的方向	a. 师问：同学们，请举手告诉老师，这首绕口令讲了些什么？ 生答：…… b. 师问：那为什么小猪听到小鸟的歌声就会抬头看呢？ 生答：因为小猪被小鸟美妙的歌声吸引住了，或它为这个声音感到好奇，或小猪以为小鸟在喊它； c. 师小结：是的，小猪只是一只小动物，可是它却被大自然中小鸟的歌声吸引了，所以我们知道大自然中有很多吸引人的事物。现在让我们用饱满的热情朗诵这首绕口令，把小猪的可爱、好奇和傻气朗诵出来
		D. 教师带领儿童集体熟读绕口令	朗诵过程中注意纠正儿童的发音、语速、语调等

续表

2. 教学内容	③教学步骤	E. 扩展学习：角色扮演朗诵	带领鼓励儿童边朗诵绕口令，边分别扮演小鸟或小猪。鼓励儿童在角色、故事中进行语言学习，增强儿童联想力、表达力。比如，可以引导儿童联想小猪走路时的神情、姿态，听到小鸟的叫声后又有怎样的反应，撞到后又会说些什么等。这些联想有益于儿童的身心健康，也点燃了儿童对未来写作的兴趣与感性积淀，即情感智力的启动芯片

教学环节四、学习提问（5分钟）

1. 教学目标	承接小猪被大自然中小鸟的歌声吸引，儿童在角色扮演中的学习情绪被极大地调动起来，在这一教学环节中： ①引导儿童联想能力的发展； ②对大自然观察与感受能力的启蒙； ③思考能力的培养； ④语句组织能力的培养； ⑤激发主动学习的热情
2. 教学导语	"孩子们，小猪只是一只动物，也被小鸟动听的歌声吸引了，那你又曾被大自然的什么事物吸引过呢？" 教学备注：儿童在这个环节如果能有踊跃的发言，那说明儿童平常的家庭生活良好，身心健康，观察力强、好奇心强，教师可以继续深入问儿童，例如："真的太好了！可以谈一下它吸引你的地方是什么吗？"这不但培养了儿童口语表达的能力、思维能力，对儿童的好奇心、探索欲具有积极的鼓励，对儿童的个性、人格建构也大有裨益

教学环节五、《大自然故事串、串、串》（10分钟）

1. 教学目标	①培养儿童观察能力； ②激发儿童联想能力； ③激发儿童故事创作热情； ④激发儿童团体合作创作精神； ⑤培养故事逻辑思维能力； ⑥培养口语创作表达能力

续表

2. 教学步骤	①观察力与表述能力培养：教学备注：在这一环节中，培养儿童细致的观察能力及完整句的表达，可以启悟儿童形容词的恰当运用	教学时提供适合儿童认知与观察的图片，问儿童图片中有些什么，鼓励儿童发展细致观察的能力和完整句的表达能力。 教学示例：儿童可能会说："我看见了一只小海龟。"可以这样引导："我看见一只戴着紫色帽子的小海龟开心地看着大海龟。"儿童可能会说："我看见了很多白云。"可以这样引导："我看见蔚蓝的大海上漂浮着很多白云。" 要引导儿童通过对图片情景、场景的细节观察，用语言进行清晰表述。清晰的口语表述，不但对逻辑思维是很好的锻炼，对书面语言的发展也有很大的帮助
	②《大自然故事串、串、串》：团体口语故事创作能力培养	A．教学导语： 孩子们，在绕口令《小猪》中我们知道了大自然的事物是多么有趣，现在让我们每人轮流表达一句话，为小海龟和大海龟的图画创作出一个美妙的故事！第一句先由老师开始："有一天，天气很晴朗，小海龟特别想出海，于是它就对爸爸说……"
		B．教学注意事项： a．在故事接龙中，要注意启发儿童故事的连贯性与逻辑性； b．有的儿童会在故事链接中表现出胆小害怕的个性，如不愿坐船要回家等，教师要鼓励儿童在团体故事中发展勇敢个性与品格，如遇到这些情况可以温和地引导："哦，如果这么快就回家故事就结束了，故事才刚刚开始，我们都尝试想象一下海龟们的奇遇好吗？哪位同学可以重新续一下呢？"每个儿童团体都有不同的特性，所以教师对儿童心理和儿童文学素养的积累会在这个环节起到很大的催化、引导作用； c．对于不能续上故事的儿童，教师要宽容，不要给儿童压力，可以通过思维与心理状态比较好的孩子带动团体，让慢热或基础较弱的孩子在聆听中学习

教学环节六、休息（5分钟）

续表

第二部分
儿童团体即兴口语故事创作（45分钟）

教学环节七、大自然童话启迪（5分钟）

1. 教学目标	①启发儿童故事表达与组织能力的发展； ②通过故事朗诵，启发与培养儿童语言表达的技巧性，如语速、语调、情感、表情、肢体语言等； ③培养儿童聆听故事的能力； ④为下一环节教学做铺垫与引导	
2. 教学步骤	①教学导语	师：刚才同学们编的故事真精彩，每人一句话就能链接出一个意想不到的精彩故事，多么不可思议啊！现在也让老师讲一个童话故事给大家听，等会儿大家分组后再继续每人一句话链接成一个精彩的故事
	②朗诵内容及示范：教师进行故事朗诵，做好语言表达在语速、语调、生动性等方面的示范，恰当展现出童话故事的温暖特色与灵性想象	A. 朗诵： **童话：太阳三兄弟**　　很久以前天空有三个太阳，他们是太阳三兄弟，他们在天空中快乐地游戏。有一天他们看见地球上的森林一大片翠绿，好奇心让他们来到了森林，可他们却把森林烧焦了。太阳三兄弟知道自己闯了祸，从此努力地在太阳学校里学习。长大后，他们去了不同的星系服务，我们星系的那颗就是红太阳。 B. 师导语：孩子们，故事好听吗？这个故事是和你们同龄的孩子在这节课的学习中分组创作的，你们要相信自己也可以创作出好听的故事，关键是好好和你的同伴合作，一人一句话去续，如果有的同学一时续不上也没关系，想到的同学可以先续。每个孩子只要守纪律就是为团体做贡献。 教学备注：教师这段话可以增强儿童创作故事的信心

教学环节八、儿童团体即兴口语故事创作（35分钟）

1. 教学目标	①培养儿童观察能力、语言表达能力； ②培养儿童故事表达与组织能力的发展； ③培养儿童团体合作精神； ④培养儿童形象思维与故事逻辑思维的发展

续表

2. 教学步骤	①观察力与表述能力培养： 教学备注：在这一环节中，培养儿童细致的观察能力和完整句的表达，可以启悟儿童形容词的恰当运用	教学中提供适合儿童认知与观察的图片，问儿童图片中有些什么，鼓励儿童发展细致观察的能力和完整句的表达能力。 教学示例：儿童回答："有四盏灯笼亮着。"教师可以启发儿童这样完整表达："我看见有四个亮着的灯笼被风吹歪了"或"我看见四盏黄灯被风吹动了"。 教学备注：在图片绘制上要具想象空间，这段话的内容就显示了图片的想象性，不但像灯笼也像灯。这样的图片符合儿童的心灵情感需要，容易引起共鸣，从而激发创作灵感。因为具有想象性，儿童在分组进行故事创作时就有了更多不同故事情节的可能，给团体故事分享带来无穷的乐趣
	②儿童团体即兴口语故事创作（30分钟）： 教学备注： ★播放衬底音乐： 八音盒音乐 Happiness 音乐有助于儿童的情绪稳定与发展专注、联想的品质。 ★每次团体故事创作，儿童均是随机分组，这样儿童就有了和不同的同伴交流、合作创作的机会，更广泛地促进他们交流能力、合作能力的发展。	A. 教学步骤： a. 把儿童分组后，指导他们以刚才《海龟》的团体故事组织形式，每人表达一句话，组织成一个合乎逻辑的故事（5分钟）； b. 邀请儿童分组出来每人一句话展示团队接龙的故事，教师边聆听鼓励，边提出指导意见，引导儿童准确进行语言表达，如语句逻辑性、语词运用正确性等（10分钟）； c. 教师提出指导意见后让儿童团体再次组织起来，完善或发挥更大空间创作故事（5分钟）； d. 邀请儿童再次出来展示团队接龙的故事，教师给予鼓励及提升的指导建议（10分钟）

续表

2. 教学步骤	★在团体口语故事创作教学过程中，教师要善于给优秀团体鼓励，如给予优秀组、故事大王等肯定，促进儿童合作能力、团结精神的发展。要具体指出优秀、突出的地方是什么，体现在哪个环节、细节等，这样儿童才能清晰学习的榜样是什么，否则很容易为外在评价而努力	B. 教学难点： a. 儿童团体初始建立时，教师需要指引和帮助他们进行合作、沟通。个性不开朗、不合群、胆小的孩子则需要教师更多的鼓励； b. 虽然第一次尝试组织故事只有5分钟时间，儿童可能只能组织很少的故事情节，甚至只有一句话，但这不重要，关键在第二个环节中的故事分享和教师的指导，在分享和教师的指导中儿童会获得更多故事创作的灵感，而这恰恰是情感智力团体教学的合作精神，还有创造力的培养； c. 儿童团体故事接龙，需要教师在语言运用方面技巧纯熟，善于把握儿童心灵特点

教学环节九、儿童学习感受表达与教师的总结或鼓励（3分钟）

1. 教学目标	①引导与发展儿童对学习的感悟能力，鼓励自主学习精神的发展； ②真实了解儿童的学习情况，及时对教学做出调整并进行个体的发展指导
2. 教学导语	①复习绕口令，简洁回顾学习过程； ②"今天老师看见每位同学的学习热情都非常饱满，现在请你们思考一下，用一句话说出你今天的学习感受。" 教学备注：刚开始进入情感智力课堂的孩子，还不懂得谈自我感受，可能会说今天他学习了很多知识，学习绕口令《小猪》，还有和大家一起讲故事。教师可顺应每个学生谈到的方面引导其深入，比如："学习绕口令《小猪》，你感到这是怎样的一只小猪呢？和大家一起讲故事，你收获了什么，或你有什么想和大家分享呢？"这些引导能带领儿童回归自我、表达自我，他们经历了身心、朗诵、合作等综合实践，这时候的引导就是情理结合的自我探索，是人与学习、人与实践、人与团体在互动中的自我认知与自我成长； ③教师边聆听每位孩子的学习感受，边给予每个个体鼓励，对于未能即时谈感受的孩子，教师可以给予空间让他们在学期的学习中慢慢酝酿

续表

教学环节十、歌舞结束（2分钟）	
教学目标	舒展儿童身心，让儿童再次在歌舞热情中巩固情景记忆、情感记忆，培育情感智力

教学环节十一、教学拓展
备注：该教学环节教学方可根据教学资源是否足够，决定是否进行教学拓展

1. 教学目标	帮助家庭开展儿童素质教育的学习，了解、理解儿童的成长过程，为儿童的健康成长建设更宽阔的天地
2. 教学方法	①邀请家长了解本节教学内容，引导家长多和孩子接触大自然、了解大自然、观察大自然、感受大自然； ②鼓励孩子们去续未完的故事，画、写、说的方式都可以，家长可以聆听或共同参与故事创作，不评判，更不主观批判，让儿童的想象力得到发展。可以把孩子们的故事内容用文字记录下来交给教师，由教师提供专业建议

教学环节十二、教师的教学日记

1. 教学观察：

2. 教学记录：

3. 教学思考和领悟：

4. 其他想法：

备注：为便于读者阅读，每个教学环节的教学目标只在第一课和第六课提示读者。每课的每个教学环节均有教学目标，教学既承前启后，又帮助学生各种素质的综合发展。思维的教学是严谨的教学，严谨体现在教学者的教学组织中。

三、儿童团体口语故事创作课堂案例

教师可以在孩子们思路没有打开时，给他们分享其他儿童团体的故事创作。分享同龄人的故事创作对他们来说是新奇和有趣的，也促进了儿童思路的拓展，学习是竞争，学习也是一种分享。如果能做好每节课的儿童口语故事创作录音并修改整理，在下节课与儿童分享，不但让儿童在短期内得到口语与书面语言能力的提升，也能增强团体凝聚力，互助、合作、互相欣赏及恰当提出意见的团体氛围，会让儿童的情感智力更丰满、饱满。

尽职尽责的煤油灯

（一至三年级）

在一个平安夜的晚上，一些极明亮的煤油灯因为工作出色，被选拔到天空和小星星一起共度平安夜。人们又唱又跳庆祝圣诞节，小星星们和煤油灯也随着乐声跳起了欢快的舞蹈。跳着跳着，小星星们累了，不知不觉呼噜噜地睡着了，天空也暗淡下来。但煤油灯却坚持着没有睡，因为它们担心大地失去了灿烂的星空，它们默默地替星星们值班。就这样一直坚持着，直到第二天太阳公公升起来……

儿童童话心理分析：

这个儿童团体童话口语故事创作显示了儿童积极上进的精神。故事创作有其心理隐喻性，煤油灯在心理上代表的正是儿童自己。煤油灯工作出色被选拔到天空庆祝平安夜，担心大地失去了光芒而替疲惫的星星值班，展示了儿童的善良、积极、主动，具有责任心及内在自信，这些就是情感智力。

情感智力的建构很难通过说理实现，通过游戏、童话创作等各种启发性、实践性的教学，帮助儿童把平常的生活观察融入课堂，结合内心的情感感悟化做他们对世界的认知和理解。比如这个故事的煤油灯，就是儿童平常对父母努力工作、积极上进的观察积累所创作的隐喻角色。在故事联想创作中，平常无意识的观察和情感积累，通过积极、温暖的方式转化成儿童的内在自我。父母是孩子的第一任老师，这不但是情感智力的源泉，更是人格建构无法缺少的根基。

第三节 第二课《神奇的生命》

（课时：90分钟）

一、教学纲要

表5-3 第二课《神奇的生命》教学纲要

环节	教学时间	教学目标
第一部分 学习热身与启蒙（40分钟）		
环节一、歌舞热身	3分钟	调动儿童身心热情参与到学习中（参考选用：儿歌《种太阳》）
环节二、绕口令热身	10分钟	1. 促进儿童语感能力发展； 2. 培养语言学习的浓厚兴趣； 3. 形象思维的培养； 4. 朗诵能力培养； 5. 思考能力的培养； 6. 语句组织能力的培养； 7. 听、读能力与表演能力的综合培养； 8. 对大自然热爱与探索精神培养
环节三、科学小故事	5分钟	1. 启迪儿童对自然界生命发展的兴趣； 2. 科学探索人文精神启悟； 3. 观察能力培养； 4. 思考能力培养
★环节四、小电影课堂	5分钟	以电影美学深化环节二、环节三的学习，加深儿童对自然生命发展的浓厚兴趣
环节五、学习提问	7分钟	1. 通过以上环节学习，儿童的学习兴趣和情绪已被极大调动，深化调动他们的学习热情及进入联想思考； 2. 为第二部分的思维联想、表达做酝酿和铺垫； 3. 指导儿童完整句的表述
环节六、故事分享	5分钟	通过故事分享，让儿童的思维空间进入更辽阔的故事世界，并为下一环节的学习做铺垫
环节七、休息	5分钟	

续表

环节	教学时间	教学目标
第二部分 儿童个体即兴口语故事创作及指导（50分钟）		
环节八、生命的故事或童话	40分钟	1. 培养儿童专注思考的品质； 2. 培养艺术联想感悟思维； 3. 启发儿童故事表达与语句组织能力的发展； 4. 启发与培养儿童语言表达的技巧性，如语速、语调、情感等； 5. 鼓励儿童发展创造思维； 6. 鼓励与发展儿童大胆表达的个性品质
环节九、儿童学习感受表达与教师的总结或鼓励	5~8分钟	1. 引导与发展儿童对学习的感悟能力，鼓励自主学习的态度和精神； 2. 真实了解儿童的学习情况，及时对教学做出调整并进行个体的发展指导
环节十、歌舞结束	2分钟	让儿童再次在歌舞热情中回顾与积淀学习的情绪，激励他们进一步学习

二、教学实践

表5-4　第二课《神奇的生命》教学实践

第一部分 学习热身与启蒙（40分钟）	
教学环节一、歌舞热身（3分钟）	
教学内容	带领儿童进行3~5分钟歌舞热身，教师设计好舞蹈动作，带领儿童边唱边跳，鼓励儿童身心的积极发展
教学环节二、绕口令热身（10分钟）	
教学内容	1. 朗诵内容	绕口令：蚕和蝉 蚕宝宝白又胖，蝉姑娘扇翅膀。 蚕宝宝叶里藏，蝉姑娘林里唱。 教学备注： A. 建议同时出示蚕和蝉的图片，教学会更形象、生动和丰富； B. 图片、诗歌、朗诵、身体语言艺术同时运用的教学，不但感染力、教学效果很强，最重要的是让儿童的综合素质、学习素质、身心健康得到了全面的发展

续表

教学内容	2. 教学步骤	A. 做好板书，给儿童指出蚕、蝉、胖、膀、藏、唱的正确发音
		B. 教师朗读示范： 教学要求：教师设计好配合绕口令朗诵的肢体语言，呈现蚕和蝉的生活情景，让儿童感受到绕口令的情景趣味，朗诵节奏轻快有趣
		C. 提问环节 a. 师问：孩子们，请举手告诉老师，这首绕口令讲了些什么呢？ 生答：蚕宝宝长得又白又胖的，蝉姑娘和它长得不一样，是长翅膀。蚕宝宝是藏在叶子里的，蝉姑娘是在树林里唱歌的； b. 师问：是的，蚕宝宝是白色的、胖胖的，能告诉老师，除了白和胖，蚕宝宝的身体还有其他什么特点？行动方式是怎样的？它们吃的什么呢？（生活观察培养，记忆与描述能力培养，提问有助于儿童对生活、自然的观察与热爱） 生答：…… c. 师问：蝉呢，除了长翅膀，蝉还有什么特点？大家听过它的叫声吗？ 生答：……
		D. 集体跟读三遍： 重点强调蚕和蝉、藏和唱发音的区别，注意翘舌与平舌、前鼻音与后鼻音，注重整体的朗读节奏，及时纠正拖沓的朗诵毛病，教师给予适当的指导。启迪和鼓励儿童随着朗诵舒展身体，用身体语言和表情，表达自己对绕口令的理解
		E. 分组进行朗读比赛： 注重朗读节奏不拖沓，发音正确，注重朗诵具有情感性，培养语境朗诵的能力，对每组孩子的朗诵给予鼓励与指导意见。教师仔细观察每个孩子朗诵时的身心语言和表情，对儿童到位、专注或具有创造性的表达给予肯定

教学环节三、科学小故事（5分钟）

教学内容	出示蚕的一生的图片，并生动讲解，也可让学生讲述

★教学环节四、小电影课堂（5分钟）
以电影美学深化环节二、环节三的学习，加深儿童对自然生命发展的浓厚兴趣

教学内容和步骤	1. 播放小电影《蝴蝶的一生》	让儿童感受生命的绚丽灿烂与顽强，激发对自然生命的热爱与探索追求

续表

教学内容和步骤	2. 提问环节，启发儿童： 教学备注：本书选用了记录我国珍稀蝴蝶品种中华虎凤蝶的科教艺术小电影进行教学启迪，供读者参考。教材实践者可以选用其他或自行制作小电影进行教学启迪	A. 师问：小电影中的蝴蝶名称是什么？是哪个国家的珍稀品种？（记忆力培养，对中国丰富的动植物资源的认知培养） 生答：中华虎凤蝶，中国的珍惜品种； B. 师问：小电影中的蝴蝶经历了多长时间破茧而出的？（观察力、记忆力培养） 生答：一个寒冷的冬天； C. 师问：在破茧而出之前，它们要面临哪些生命威胁呢？（观察力、记忆力培养） 生答：…… 教师总结：如冷死、饿死，以及被其他昆虫吃掉的危险； D. 师问：看了这个小电影，目睹了蝴蝶一生的历程后，大家对蝴蝶的生命有什么感受或看法吗？（联想能力、情感智力培养） 生答：…… 教师总结：不但宝贵而且很传奇
教学环节五、提问：你喜欢的小生命（7分钟）		
教学内容	1. 出示教学图片	出示自然界各种动植物图片
	2. 教学导语	孩子们，我们刚才学习了解了自然界的生命是这样神奇，那么现在请告诉老师，你喜欢自然界中的哪些生命呢？请清晰告诉大家，你喜欢它什么？
	3. 教学注意事项	A. 这个环节开始要关注儿童完整句表达能力的发展。儿童表达时惯用单个词，如只说"青蛙"，教师要引导儿童完整句的表达，可以问"你喜欢青蛙什么呢？"或"这种动物有什么特质引起了你的关注呢？"能让儿童开放身心表达对事物的喜爱，童心绽放，是联想、创造、学习热情和良好个性培养不能忽视的教学环节。当儿童说喜欢某种动物的声音或形态时，教师或家长可以鼓励他们把这个声音或形态大胆地表现出来。不但教学气氛非常好，最主要的是儿童的天性展露无遗，这种天性叫快乐、创造； B. 对于不能表达或说没有的孩子，教师不要打击或批评，这种感受能力的欠缺原因是多样的，让儿童在团体活跃的表达气氛中慢慢感受和发展，也可以鼓励这些孩子以后多留意自然界

续表

教学步骤	1. 故事朗诵： 教学备注：教师进行故事朗诵，做好语言表达在语速、语调、生动性等方面的示范，并从肢体、表情等方面展示童话的故事性	**童话：向日葵宝宝** 口述创作儿童：钟同学（二年级） 　　今天太阳一升起来，向日葵妈妈就向东转了一转，向太阳敬礼，太阳公公开心地笑了。向日葵宝宝伤心地问："妈妈，您能转身面向太阳，满脸都是太阳的光辉，多美啊！可是为什么我们就转不了身呢？您瞧，我们的脸上都没有阳光。" 　　向日葵妈妈微笑着安慰它们说："因为你们还没有长大，等到你们长大了，就可以和妈妈一样转身向太阳公公敬礼了。"向日葵宝宝问："妈妈，那我们还要等多久呢？"妈妈说："妈妈也不知道，但是只要你每天都努力吸收土壤的营养，我相信你们都会很快强大，你们都有力量和妈妈一样自如地向太阳转身敬礼，沐浴太阳的光芒。到那时候你们肯定比妈妈更有礼貌，更热爱集体，就会让大自然变得更美丽！"
	2. 教学导语	师：孩子们，这个故事好听吗？这是一个二年级的同学在这节课上口述创作的童话，他为自己喜爱的向日葵创作了一个动听的童话。等会儿老师会先让大家在画纸上画下自己喜爱的大自然中的生命，大家边画边为自己喜爱的生命编一个故事。好的，现在大家先休息一下

教学环节七、休息（5分钟）

第二部分
儿童个体即兴口语故事创作及指导（50分钟）

教学环节八、生命的故事或童话（40分钟）

教学步骤	1. 教学导语	师：老师刚才听到大家踊跃地说出自己喜欢的生命，是的，大自然的生命真的太多姿多彩了。等会儿老师会播放一张专辑给大家看，看完后请大家拿出自己的画纸和彩笔，为自己喜欢的生命画一张图画，一边画一边为这个图画编个小故事，并为这个故事起个题目
	2. 播放教学专辑：《生命的童话》(3~5分钟)	教学方法： A. 搜集自然界中动植物的可爱图片，选用既符合儿童心灵特质，又能体现各种动植物不同特性、习性的图片，并配合能与儿童进行心灵沟通、互动的简短文字，制作

续表

教学步骤		成《生命的童话》艺术特辑。儿童看到一张张绚丽多彩的生命童话集，既高度专注、安静，又对生命奥秘产生强烈的热爱和向往。这样的教学启迪，情绪、情感启迪也非常适合写作或各科的教学； B．专辑播完一两遍后调低音响，作为背景音乐，让儿童画下自己喜爱的小生命，并编个小故事。建议专辑背景音乐为八音盒音乐《岁月的童话》，清脆灵动的乐声有助于儿童的专注与联想
	3．儿童绘画与联想思考（10分钟） （教学专辑为背景音乐）	教学方法： A．绘画是帮助儿童感受内心世界，酝酿情感或故事的方式与桥梁。背景音乐能让儿童的心渐渐安静下来，慢慢进入自己的心灵世界去感受和思考； B．可参考澳洲儿童艾利塔的绘画成长过程、对自我的陈述，鼓励儿童通过内心的酝酿自由绘画
	4．鼓励儿童拿着画作逐一表达自己创作的故事，教师做口语表达指导（25分钟）： 教学备注： 在聆听与鼓励儿童的故事创作过程中，教师要恰当鼓励儿童的表达或创作能力，对儿童的精彩表达和创作给予符合其特质的鼓励，如故事大王、口才之星、想象之星、学习之星等。 教师在场景互动中对儿童特质恰如其分的评价，既是教学的艺术、水平，也是情感智力中情景智力的高度表现	教学难点： A．调整儿童陈述式、说明式、分割式的语言表达方式，如儿童说："我这里画的是一只猫，这里画的是一朵花……"这样的语言表达，不但无助于儿童表达能力、语言组织能力的发展，也无助于他们了解自我、探索自我； B．教师鼓励式指导语："来，请告诉大家你这张画的故事，先说故事的题目吧。"也可给儿童这样的引导语："今天我要给大家讲一个关于猫的小故事，我的故事题目是《调皮的小猫》……""有一天小猫吃饱了正在睡大觉……"等具有叙述性、故事性的语言表达方式。如果儿童不能创作故事也不要紧，可以让儿童表达他对某种动物的情感、为什么会有这种情感，或相互间发生过什么事情等，这些也是帮助儿童探索自我、探索世界的表达。无论故事创作还是表达生活中的事件，能帮助儿童开放自我、打开心扉，对于儿童就是非常宝贵的历程； C．对于儿童编故事过程中零碎的语言组织，教师要有即时帮助联结、组织语句的能力； D．对于刚刚开始学习的儿童，表达信心不足，语词积

续表

教学步骤		累较少，语句运用不熟练，这些都需要教师用心去鼓励。这一学习阶段儿童画可能会比儿童表达出来的语句丰富，教师善于发现儿童画的内容对于启迪儿童的表达也是重要的； E. 鼓励是重要的，儿童个体通过鼓励能增强自信，团体则获得了学习的榜样。教师要善于通过儿童在学习过程中展现的细节，了解儿童的特质和个人的学习方式。教学评价是审慎的，每个鼓励、肯定或建议都是对学生学习态度、学习方式的细致观察，并给予学生个人与团体学习方式与成长态度的指引。教学并非为了评星而评星，评星在于引导学生回归到客观事实、客观细节，这不但是对学生学习能力的培养，也是抗挫折素质的培养。不要认为小学低年级儿童没有对客观事实、客观细节的认知能力，当教导者如此引导时，我们会发现儿童具有很多优秀的品质； F. 情商教学不会采用批评的教育方式，无论教师还是家长使用本教材，都要注意不要评价甚至批评儿童画哪里画得好、哪里画得不好，绘画只是打开心灵的方式，而不是目的。对于未能马上理解教学的学生，可以通过团体创作、表述、分享和教师的点评，给尚未有灵感的学生做参考
教学环节九、儿童学习感受表达与教师的总结或鼓励（5~8分钟）		
教学步骤		1. 复习绕口令，简洁回顾学习过程； 2. 教学导语："今天老师看见每位同学的学习热情都非常饱满，现在请你们思考一下，用一句简单的话说出你今天的学习感受。" 教学备注：很多孩子都说通过这节课学习到了热爱生命，感受到了生命之美或生命的艰辛与伟大，以前自己会伤害小动物，但以后不会了。孩子的心灵让人很感动，我们不需要说理，只需要向他们展示生命的真实，他们便懂得、便会珍惜，所以情感智力的教育，也是爱的教育、道德的教育。最重要的是这样的教育不是灌输性的，而是在每个生命自身的生长层面、理解能力上去建构
教学环节十、歌舞结束（2分钟）		

续表

教学环节十一、教学拓展	
备注：该教学环节教学方可根据教学资源是否足够，决定是否进行教学拓展	
教学方法	1. 邀请家长了解本节教学内容，引导家长多和孩子接触大自然、了解大自然、观察大自然、感受大自然，多到动植物园观察、了解各种生命。家庭条件允许可以选择合适的动植物，和孩子一起照顾、培育。了解科普知识是重要的，但注意不要过多灌输，不要用孩子是否记得、知道去评价孩子聪不聪明。这个年龄段需要的是启迪和兴趣培养，培养的是观察能力、感知能力、动手能力、爱护弱小的能力； 2. 鼓励孩子们去续未完的故事，画、写、说的方式都可以，家长可以聆听或共同参与故事创作，不评判，更不主观批判，让儿童的想象力得到发展。可以把孩子们的故事内容告诉教师，由教师给专业建议

教学环节十二、教师的教学日记

1. 教学观察：

2. 教学记录：

3. 教学思考和领悟：

4. 其他想法：

三、儿童团体口语故事创作课堂案例

蚂蚁的家

马同学（二年级）

有一天，太阳刚出来，云也刚出来。有一只小蚂蚁看见一只小鸟甜甜蜜蜜地吃了一个苹果，小蚂蚁也很想吃，就呼唤同伴一起来摘苹果。蚂蚁王后和国王听到这个好消息也出来了，它俩坐在小蚂蚁抬着的轿子上尝了一个，说："味道真不错！"

火山喷火

张同学（二年级）

很久很久以前，地球上的植物长得非常茂盛。可有一天，火山突然爆发了！一只喷火龙正在火山里面吱吱地喷着火焰！另一只比它还要大的喷火龙就在地面喷火，很多蜜蜂被烧死了！人们也被烧死了！幸好还有三只蜜蜂逃掉了。而在地球的另一个地方，一座冰冷的冰山却正在慢慢融化……

明亮的河水

邱同学（一年级）

青蛙坐在荷叶上面看风景，他看到今天的白云和太阳都比昨天明亮了很多。太阳公公在对他微笑，他也对着太阳公公微笑说："太阳公公早上好！"他看到河面像一面镜子，就到河里看看自己漂不漂亮。他看到天上的白云很明亮，照耀着下面的花朵。他看到花朵很好看，就对着花朵微笑，可是花朵没有对他微笑，因为花朵没有嘴巴……

儿童童话心理分析：

儿童刚刚进入团体学习时，大多数的情况是即使心里有很多丰富的联想和内容，但因为词汇积累不足、表述能力欠缺、信心不足或个性偏差等不敢表达。所以，教师的鼓励和对儿童心理的把握非常重要。像《火山喷发》故事中的儿童，他表达这个故事时多次停顿下来，需要一次次慢慢组织语言，所以教师的耐心和鼓励很重要。在他表达到"一座冰冷的冰山却正在慢慢融化"时，他还很想继续表达些什么，却怎么也想不出来。其实，这是儿童联想、思考、建构世界的过程，也是儿童式的哲学思维。这个故事很突显男童的思维方式和思维世界：世界是战斗的世界、毁灭的世界，更是重生的世界。

故事《明亮的河水》是一个刚入学的一年级儿童的口述创作，虽然故事的连贯性不是太强，但儿童在表达时是非常流畅的，从儿童的思维能力角度分析，儿童具有很强的发展潜力，想象力丰富，充满了可爱的童真。以河面做镜子看自己漂不漂亮，是儿童正在发展自我认知，而内在的自信还不够，也可能是追求完美的潜意识。花朵没有对他微笑，是因为他的内心还没有开放。

第四节　第三课《海洋的呼唤》

（课时：90分钟）

一、教学实践

表5-5　第三课《海洋的呼唤》教学实践

第一部分
学习热身与启蒙（45分钟）
教学环节一、歌舞热身（3~5分钟） 建议参考选用歌曲《种太阳》

续表

教学内容		
	教学环节二、绕口令热身（15分钟）	
	1. 朗诵内容	绕口令：灰和龟 远望是座小山堆，近看是只大乌龟。 龟蹬腿又甩背，小山堆扬起灰。 灰蒙蒙直呛龟，龟吹灰忙下水。 水洗净畅又乐，龟摇头又摆尾。
	2. 教学步骤	A. 做好板书，给儿童指出灰、龟、蹬、腿、呛、水、背、尾的正确发音 B. 教师朗读示范： 教学要求：教师设计好配合绕口令朗诵的肢体语言，呈现龟被灰呛到的狼狈，后又在水中快乐自由摆尾的情景。让儿童感受到绕口令的情景趣味，朗读节奏轻快有趣 C. 提问环节： a. 师问：请举手告诉老师，这首绕口令讲了些什么呢？ 生答：灰飞到龟背上，龟不舒服还被呛到了，要下水洗掉灰，洗干净了龟就很舒服，很快乐； b. 师问：哪几句说出龟不舒服、不高兴了？ 生答："龟蹬腿又甩背，小山堆扬起灰。灰蒙蒙直呛龟"这几句，因为被太多灰蒙住了，所以龟不舒服，蹬腿甩背要甩掉，但一甩灰又飞了起来，呛到了龟； c. 师问：下水了，它得到了什么帮助呢？ 生答：水洗龟背灰，水帮它洗干净了背上的灰； d. 师问：那灰洗干净后它快乐吗？ 生答：快乐，快乐得都摇头摆尾了； e. 师：是的，它很快乐，快乐得摇头摆尾，享受着海水带给它的自由和舒畅 D. 集体跟读三遍： a. 重点强调灰、龟、飞、腿、吹、水、尾的读音区别，读出龟之前的不舒服和之后的快乐情绪的对比； b. 注意朗读时出现的错误读音及朗读节奏的拖沓现象，及时纠正； c. 鼓励儿童大胆用身体语言、表情配合朗诵

续表

教学内容	2. 教学步骤	E. 分组进行朗读比赛： a. 注重朗读节奏不拖沓，发音正确，注重朗诵具有情感性，培养语境朗诵的能力，对每组孩子的朗诵给予鼓励与指导意见； b. 教师仔细观察每个孩子朗诵时的身心语言和表情，对儿童到位、专注或具有创造性的表达给予肯定
		F. 扩展学习：角色扮演朗诵《灰和龟》。 邀请孩子们边朗诵边进行角色表演，鼓励孩子开放自己，投入龟的角色，除了前后的情绪对比之外，启迪儿童在一些环节加入想象，如朗诵到"灰蒙蒙直呛龟"时，可以加入咳嗽声，也可以加入龟的情绪表达："哎哟，好难受呀！"每个环节角色表达的创造性添加不需要多和复杂，只要符合语境，哪怕只有"咳、咳"两声，或摇屁股代表摆尾巴，其精彩不但是画龙点睛的，也是教育者观察到儿童天性的关键处。 教学注备：这种既自由又符合语境、情景、故事逻辑的创作，除了培养了自由、开朗、创造性个性、人格之外，本身就具有情绪释放、压力释放的作用，也是人们非常希望实现的玩中学、学中玩的儿童教育方式

教学环节三、提问（5分钟）

教学导语并展示海洋图片	师："孩子们，刚才绕口令中龟甩掉了身上的灰游回大海里了，它非常快乐。大海让小龟很快乐，那么你心目中的大海又是怎样的呢？" 教学备注：老师鼓励儿童大胆表达对大海的不同认识。孩子们有很多不同的认识，有喜爱大海的蔚蓝、宽阔的，也有害怕的，还有谈环保的等。教师在聆听的过程中要注意不持评判、评价的态度，如"你说得对，我同意"或"你说得不对，我不同意"，你爱海洋我就肯定，你害怕我就觉得你不符合课堂学习要求，这些就是评判性、评价性态度。在儿童表达的过程中，教师真诚的共情、共鸣，对孩子及团体就是肯定和鼓励。比如，孩子描述了他对大浪的观察：浪很高、很吓人。能观察、能感受就表示孩子具有良好的学习素质、学习能力。而事实上浪高得很吓人也是海洋的特质。当教学能引领、肯定儿童发现事物的多面性与不同的特质时，就是人才培养的开始

续表

教学环节四、《大自然故事串、串、串》（12分钟）			
教学步骤	1. 观察力与表述能力培养	A. 教学导语：教学备注：教师或家长可出示合适的海洋图片供儿童观察，建议图片色彩鲜艳，内容丰富，具有想象空间	师：老师听了很多孩子对于海洋的认识和向往，真的很开心。是的，海洋那样宽广，充满了神奇，孕育了生命。现在让我们先看另一张关于海洋的图片，先告诉老师图片里有些什么，然后让我们每人轮流说一句话，续出一个故事
		B. 出示图片	教学示例：问儿童图片里有些什么，鼓励儿童发展细致观察的能力和完整句的表达能力。儿童可能会说："我看见了一条梯子。"可以引导儿童说："我看见了一条弯弯的、长长的通向天空的梯子，梯子两旁盛开着美丽的鲜花。"
	2.《大自然故事串、串、串》：团体口语故事创作能力培养	A. 教学导语	师：好，现在先从老师开始，每人一句话连接成一个精彩的故事。例如："太阳从厚厚的云层露出它灿烂的脸……"
		B. 教学注意事项	a. 在故事接龙中，要注意启发儿童故事链接的逻辑性； b. 儿童容易与看图表述的环节混淆，要引导儿童进入故事联想。有的孩子思路还没有打开，可能还会继续说"有三只鸽子在天梯旁边"，这不是故事联想。当孩子说"三只鸽子讨论着天梯是通向哪里的呢，它们很好奇，想爬上去看看"，类似这样的表述就是故事联想，鼓励儿童这种创造性的表达方式

续表

教学环节五、童话故事分享（3分钟）	
故事朗诵： 教师进行故事朗诵，做好语言表达在语速、语调、生动性等方面的示范，并从肢体、表情等方面展示童话的故事性	师："刚才孩子们编的故事真不错，现在也让我们听听另外一些孩子根据这张图一人一句续出来的故事，让我们在分享不同的故事中获得更多的灵感与成长！" **童话：天堂海鸟** （一至三年级） 　　一群海鸟在蔚蓝的天空上翱翔，好壮美啊！原来海鸟家族要去旅行，看一看外面的世界。远处有一道弯弯曲曲的彩虹楼梯，楼梯两旁有着彩色的植物。于是两只大海鸟绕着彩虹楼梯飞翔，打算采些花蜜给小海鸟吃。海鸟们看到楼梯旁彩色的植物很是兴奋好奇，忍不住采摘一些带去给伙伴们。彩虹楼梯的尽头有点微光，海鸟们就禁不住飞过去，心想那里面究竟是个什么样的世界呢。透过光亮，发现里面是团团的云雾。穿过这些厚重的云雾，海鸟们终于飞到了彩虹楼梯的最顶上。原来那是另一个世界啊——天堂！它们看见了许多神仙一样的海鸟在自由自在地飞翔，说不出的气宇轩昂、非同凡响！于是海鸟家族都报名成为天堂的海鸟，留在了这个美丽的世界，和其他海鸟一样守护着这片奇妙的地方！ 儿童童话心理分析： 该童话的创作思路，语词、语句基本是儿童的表达，教师只做了后期的文字记录整理。童话反映了这个团体的儿童敢于探索、敢于想象、相信美好的心理状态。儿童的心理越强大，越敢于想象，他们的自我成长力、自我推动力也越强大，这个儿童神话故事充分体现了创造力与心灵力量的关系

教学环节六、休息（5分钟）

第二部分
儿童团体即兴口语故事创作（45分钟）

教学环节七、儿童团体即兴口语故事创作（35分钟）		
教学步骤	1. 观察力与表述能力培养	出示图片，问儿童图片里有些什么，培养儿童发展细致观察的能力和完整句的表达能力。 教学示例：儿童可能会这样说："我看见了一些鱼在游。"可以这样引导儿童完整说出一句话："我看见蓝色的海底有一些鱼，它们在游向一个有白光的地方。"

续表

			教学备注：儿童的学习能力、模仿能力是很强的，教师恰当示例后儿童基本都能在后续学习中展现出很好的语言表达能力，良好的语言组织能力就是逻辑思维能力的体现
教学步骤	2. 儿童团体即兴口语故事创作（30分钟）： 教学备注： ★儿童团体创作时播放衬底音乐：八音盒音乐《甜甜的、淡淡的》 ★每次团体故事创作，儿童均是随机分组，这样儿童就有和不同的同伴交流、创作的机会，更广泛地促进他们交流合作能力的发展。 ★在团体口语故事创作教学过程中，教师要善于给优秀团体鼓励，如给予优秀组、故事大王、想象之星、学习之星、情商之星等肯定，促进儿童合作能力、团结精神的发展。具体指导方法同第二课	A. 教学步骤	a. 把儿童分组后，指导他们以团体故事组织形式，每人表达一句话，组织成一个合乎逻辑的故事； b. 邀请儿童分组出来每人一句话展示团队接龙的故事，教师边聆听鼓励，边提出指导意见，引导儿童准确进行语言表达，如语句逻辑性、语词运用正确性等； c. 教师提出指导意见后让儿童团体再次组织起来，完善故事或发挥更大空间进行故事创作； d. 邀请儿童再次出来展示团队接龙的故事，教师给予鼓励及提升的指导建议
		B. 教学难点：同前两课	a. 儿童团体初始建立时合作性需要教师的指导，个别个性不开朗、不合群、胆小的孩子需要教师更多的鼓励； b. 儿童团体故事即兴接龙，需要教师在语言运用方面技巧纯熟，善于把握儿童心灵特点
		C. 教学小结与升华	教学导语：老师聆听了大家这么动听的海洋故事，真的很开心。是的，海洋不但给了我们美好的想象，还是孕育生命的宝贵源泉，让我们比过去更加**热爱海洋吧**

续表

教学步骤	教学环节八、儿童学习感受表达与教师的总结或鼓励（5~8分钟） 1. 复习绕口令，简洁回顾学习过程； 2. 教学导语："今天老师看见每位同学的学习热情都非常饱满，现在请你们思考一下，用一句简单的话说出你今天的学习感受。" 3. 教师边聆听每位孩子的学习感受，边给予每个体鼓励。 教学备注：这些一至三年级的儿童通过海洋课程的深度学习，通过故事联想创作的深刻体验，他们这节课的学习感受不但精彩，对世界、对海洋生命更自然地涌发了丰沛的情感，实现了我们的教学主旨，即提升情感智力，培养自主学习、自我发展的内在推动力。从第一课小猪的场景趣味启迪，到第二课生命探索，再到本课对海洋和海洋生命的认识，我们可以了解到情与理、知情意层层推进、合一的教学，是怎样有序地在创作朗诵、表达分享、故事分享、故事创作中逐渐展开的。即使读者不开展本套教学，其他学科的教学也可以做参考。教师可以用心聆听孩子们的用词，儿童纯真的心灵世界让人感动，当他们能用恰当的语词表达情感与认知时，也是他们掌控自我、探索世界的自信心、力量感在建立
	教学环节九、歌舞结束（2分钟）
	教学环节十、教学拓展 备注：该教学环节教学方可根据教学资源是否足够，决定是否进行教学拓展
教学方法	1. 邀请家长了解本节教学内容，儿童的学习能力是很强的，通过本节课层层递进的深层次的情感培育，儿童在未来的成长中，内心对海洋和海洋生命会很敏感、敏锐，家长可以多留意、多观察，为他们提供更多学习的机会。有条件的家庭可以让孩子到大海亲身感受。暂时没有条件的也不要紧，播下美好的种子，只是等待发芽的机会而已； 2. 鼓励孩子们去续未完的故事，画、写、说的方式都可以，家长可以聆听或共同参与故事创作，不评判，更不主观批判，让儿童的想象力得到发展。可以把孩子们的故事内容用文字记录下来交给教师，由教师给专业建议
	教学环节十一、教师的教学日记 1. 教学观察： 2. 教学记录： 3. 教学思考和领悟： 4. 其他想法：

二、儿童团体口语童话故事创作课堂案例

珊瑚湾
(一至二年级)

在美丽的海洋里有很多美丽的小鱼和漂亮的珊瑚。珊瑚有蓝色、粉红色、黄色和紫色，人们都叫这里珊瑚湾。珊瑚湾的珊瑚真的很美很美，海洋的生物都快快乐乐地住在这里。

有一天，突然出现了一个大光豆，光很灿烂，灿烂得小鱼们的眼睛都睁不开。有一条小鱼决定去看看这个光芒到底是什么。于是，它就游过去看。噢！原来是一个小女孩潜水下来了，因为海里面很黑，所以她要拿着特制的手电筒去照亮。

小女孩向小鱼们游过去，小鱼们都非常欢迎她。小女孩看见小鱼们五彩缤纷，就像神话里的一样。小鱼们热情地邀请小女孩在这里住几晚，对她说："小姑娘，我们请你在这住几晚吧！"小姑娘说："谢谢大家盛情的邀请，可是如果我不回去的话，爸爸妈妈会担心我的。"游玩了一会儿，小女孩上岸了，小鱼们非常难过。

过了几天，小女孩牵挂着小鱼们，又来到海洋潜水。小鱼们看见她非常高兴，说："小姑娘，我们非常想你啊！"它们再次邀请小姑娘留下来住几天。小姑娘说："对不起，我不能留在这里，我的爸爸妈妈会担心的。"游玩了一会儿，小女孩又游上岸了。

过了几天，小女孩又下去潜水了，小鱼们再次盛情地邀请她在海洋里住几天。小女孩说："好吧！我叫我爸爸妈妈一起下来住几天吧！"但是她回去问爸爸妈妈，爸爸妈妈不同意，她回到海洋里告诉小鱼们。小鱼们都七嘴八舌地为她出主意，要她告诉爸爸妈妈珊瑚湾有多美，珊瑚湾里的小鱼们有多么热情和友好。……

月亮之城
(一至三年级)

从前，有一位巫师很喜欢骑着多功能星星扫帚到处窥探世界。有一次，他想飞到河边去钓鱼。当他划过月亮时，月亮的强光把他吸引住了。他急忙

停下来，用手中的放大镜往月亮里一看，"哇！月亮里的城市是那么的美丽多姿！"他不禁感叹：要是我能进去看一看该有多好呀！"

于是，他就用脚使劲蹬着扫帚，慢慢地靠近月亮。突然，一股强劲的旋涡把他们吸了进去，旋涡把巫师弄得团团转。就在巫师和星星扫帚感到头昏眼花时，旋涡和引力不见了！巫师抓稳星星扫帚后，睁眼一看，他们居然进入了月亮里的那座城市！他激动地飞来飞去，四处张望。忽然，他看到远处的一棵椰子树喷出一道美丽的彩虹，好像在欢迎他似的，他非常高兴。

儿童心理与思维发展分析：

《珊瑚湾》团体口语故事是孩子们在不足十分钟的时间里，一人一句话连接起来的。故事的开头体现了儿童细致的观察力和联想能力，语言表达上也很优美。中间部分是故事情节的展开，这一部分明显看出孩子们的思路还没有完全拓展开来，纠结徘徊在鱼儿们的邀请和回家的两种情节中。另外，也呈现了这一年龄的儿童既渴望冒险探索，但又受到成人约束的成长故事。当然对于低年级儿童来说，能在这么短的时间里一人一句话连接成一个小故事，这已经非常宝贵了。

《月亮之城》是非常优秀的儿童团体口述童话，儿童观察力、表达力很细致，不但想象力丰富、逻辑思维严谨，对未来充满希冀与创造的热情，故事更显示了儿童独有的世界视角和空间视觉。世界中的世界、空间中的空间，或世界外的世界、空间外的空间，这些想象的本身就是逻辑思维、哲学思维、诗性与创造。这也是迪士尼、哈利·波特风靡世界的原因，因为奇幻、魔幻符合了人类的心理潜能。

第五节　第四课《多姿多彩的四季》

（课时：90分钟）

一、教学实践

表5-6　第四课《多姿多彩的四季》教学实践

第一部分 学习热身与启蒙（35分钟）	
教学环节一、歌舞热身（3~5分钟）	
1. 教学内容	带领儿童进行3~5分钟歌舞热身，教师设计好舞蹈动作，带领儿童边唱边跳，鼓励儿童身心的积极发展

续表

	2. 教学导语	孩子们，前几节课中明媚的太阳在我们心中播下了希望。今天老师教大家一首《四季歌》，让美丽的希望在四季里盛开
教学环节二、儿童歌谣热身（15分钟）		
教学内容	1. 朗诵内容	**四季歌** 春天到，春天到，花儿朵朵齐开放， 蝴蝶飞，鸟儿唱，柳树姐姐把舞跳。 夏天到，夏天到，水塘清清青蛙叫， 荷花开，蜻蜓飞，大树茂密好乘凉。 秋天到，秋天到，天高云淡心舒畅， 果满园，香飘飘，谷子熟了好热闹。 冬天到，冬天到，被窝暖暖梦甜香， 堆雪人，打雪仗，瑞雪丰年国兴旺。
	2. 教学步骤	A. 教师示范朗诵： 以轻快、活泼的节奏进行示范朗诵，通过肢体语言生动形象地表现四季的各个特点，让儿童感受四季的变化，喜欢美丽而奇妙的大自然 B. 提问环节： a. 师问：请举手告诉老师，这首绕口令讲了些什么？ 生答：一年四季的不同变化，大自然在春天、夏天、秋天、冬天表现出的不同特点，还有人们的生活变化； b. 师问：春天到了，大自然是什么样子的呢？ 生答：花儿都开了，蝴蝶在飞，小鸟在唱歌，柳树都开心地跳舞； c. 师问：夏天到了，大自然是什么样子的呢？ 生答：水塘里的青蛙呱呱叫，荷花开了，蜻蜓在唱歌，大树很茂密，给人们乘凉； d. 师问：秋天到了，大自然是什么样子的呢？ 生答：白云不会像夏天下雨时那样厚，是轻的、薄的，天气很好，人们的心情觉得很舒服、很畅快，水果也熟了，果园飘着香。谷子也熟了，人们收割很热闹； e. 师问：冬天到了，人们和大自然又是什么样子的呢？ 生答：人们在厚厚的被子里都很暖和，睡得很香甜。下雪了，小朋友去堆雪人、打雪仗，国家很兴旺

续表

教学内容	2. 教学步骤	C. 集体跟读三遍： 提醒孩子以轻快活泼的节奏进行朗读，特别注意逗号的停顿，不拖沓，反复朗读，熟练句子
		D. 分组进行朗读： 孩子们积极主动进行歌谣表演，用肢体语言、表情表现春天、夏天、秋天、冬天的各个特点，用身心感受四季的美丽，培养情景表达、情景记忆等情感智力
		E. 集体朗诵1~2遍： 熟悉绕口令，注意正确读音，通过语音、表情、肢体展现四季不同的情景

教学环节三、教学深化提问（7分钟）

1. 教学导语	师问：请孩子们告诉老师，四季中你喜欢哪个季节呢？喜欢这个季节的什么呢？
2. 教学注意事项	要注意引导儿童完整表述的方式，如果没有受到鼓励，儿童可能只会说："我喜欢冬天。"教师可以鼓励他说："你喜欢冬天的原因有哪些呢？"一个孩子经教师鼓励引导后是这样完整表达的："我喜欢冬天，因为我看到住在北方的孩子能够堆雪人，我就很羡慕，我希望我们这里的冬天也可以下雪。" 教学备注：儿童表达内心真实的感受、愿望、思想，不但对他们的个性、人格成长非常好，也让教师和家长更懂他们。没有得到肯定与鼓励的时候，儿童时常是胆怯的，不敢或不懂得用连贯的语句表达内心的想法，所以教师要鼓励他们勇敢表达。在这样的氛围下，儿童常常会展现很多成人思维之外的想法。不要带着成人期待的答案向儿童提问，而是接受每个真实的儿童世界，你会听到很多独特的回答，这也是儿童潜在的想象力和创造力的展现环节。 爱就是理解，爱就是我懂你——这就是情感智力，也是教学的情商

教学环节四、童话故事分享（3分钟）

1. 教学导语	同学们，刚才在儿歌歌谣里，我们感受了四季不同的变化和美丽，关于季节也有自己的童话故事。现在就让老师给大家讲一个

续表

2. 朗诵示范：教师进行故事朗诵，做好语言表达在语速、语调、生动性等方面的示范，并从肢体、表情等方面展示童话的故事性		**童话分享：蒲公英** 　　蒲公英穿着绿衣裳，挥着小手帕，摇着圆脑袋来了！它来了，大地就热闹起来了！小草一下全都从地里钻出来，花姐妹争着谁先开花，种子急着发芽，大地就像色彩斑斓的地毯，又像一首婀娜多姿的圆舞曲。苍白的冬天被多姿多彩的大地吓哭了，它跑啊跑，冰雪融了，冬天消失了！蒲公英一吹头上的小伞就飞了起来，它们笑着飞回了天上，化做了白云。哦，原来它们是春天的天使！ 教学备注：如果时间允许，教师也可以在这个环节提问学生这个童话说了什么，有什么感受。因为童话是诗意与象征，当儿童把诗意与象征翻译成叙述性语言时，对思维与表达也是很大的锻炼，所以只需要儿童能回答故事大意就可以了
3. 教学导语		多动听的冬天的童话啊！等会儿休息回来，就请大家一起编一个关于季节的童话吧

教学环节五、休息（5分钟）

第二部分
儿童团体即兴口语故事创作（55分钟）

教学环节六、儿童团体即兴口语故事创作（45分钟）

教学步骤	1. 观察力与表述能力培养	出示图片，教学导语：现在有两幅关于春季和秋季的图画，请同学们告诉老师，图画里面有什么？ 教学指导同上节课，如果儿童回答"图画里有蜻蜓在飞"，教师可以指导儿童观察与表达的完整性，"我看见图画里有7只小蜻蜓在金黄色的田野里飞，它们飞翔的队列像音符一样"。 教学备注：教学可以根据时令选择不同的季节主题，可选择一个或多个，如果学生人数达到6人以上，选择2个以上季节是比较合适的，这样课堂的表达和故事分享会更丰富

续表

教学步骤	2. 儿童团体即兴口语故事创作（35分钟）：播放衬底音乐：八音盒音乐《唯美》。教学指导同前几课	A. 教学步骤	a. 把儿童分组后，指导他们以团体故事组织形式，每人轮流说一句话，组织成一个合乎逻辑的故事； b. 邀请儿童分组出来每人一句话展示团队接龙的故事，教师边聆听鼓励，边提出指导意见，引导儿童准确进行语言表达，如语句逻辑性，语词运用正确性，故事逻辑性、合理性、情节性等； c. 教师提出指导意见后让儿童团体再次组织起来，完善或发挥更大空间创作故事； d. 邀请儿童再次出来展示团队接龙的故事，教师给予鼓励及提升的指导建议
		B. 教学难点：同前几课	a. 儿童团体初始建立时合作性需要教师的指导，个别个性不开朗、不合群、胆小的孩子需要教师更多的鼓励； b. 儿童团体故事即兴接龙，需要教师在语言运用方面技巧纯熟，善于把握儿童心灵特点

教学环节七、儿童学习感受表达与教师的总结或鼓励（7分钟）

教学导语	1. 复习绕口令，简洁回顾学习过程； 2. "今天老师看见每位同学的学习热情都非常饱满，现在请你们思考一下，用一句简单的话说出你今天的学习感受。" 3. 教师边聆听每位孩子的学习感受，边给予每个个体鼓励。 教学备注同前几课，教师可细致感受孩子的变化和进步

教学环节八、歌舞结束（3分钟）

教学环节九、教学拓展
备注：该教学环节教学方可根据教学资源是否足够，决定是否进行教学拓展

续表

教学方法	1. 邀请家长了解本节教学内容，回家亲子一起表演朗诵《四季歌》，实现亲子共同学习、共同成长； 2. 鼓励孩子们去续未完的故事，画、写、说的方式都可以，家长可以聆听或共同参与故事创作，不评判，更不主观批判，让儿童的想象力得到发展。可以把孩子们的故事内容用文字记录下来交给教师，由教师给专业建议

教学环节十：教师的教学日记

1. 教学观察：

2. 教学记录：

3. 教学思考和领悟：

4. 其他想法：

二、儿童团体口语故事创作课堂案例

天宫

（三年级）

　　蓝天白云上有一座天桥，还有一位仙女。仙女正在腾云驾雾，在天上高高飞扬。大地盛开了很多鲜花，仙女赞叹着人间的美景，说："哇！多美丽啊！"天桥其实可以让地上的人通往天空的皇宫的，但从来没有人敢尝试走上去看看。有一天，一位胆子很大的小朋友独自走了上去。走着走着，真的到了天空，竟然在天空还看见了玉皇大帝。他说："玉皇大帝，你好！我可不可以进去参观一下你的皇宫呢？"没想到，玉皇大帝同意了。小朋友轻轻地走进了皇宫，原来天宫的仙蕉树都是金子做的。再走进去，发现椅子、家私也是金子做的，高级武器防御盾也都是金子做的。小朋友继续走进去，里面有很多石碑和雕像，其中一个雕像的石碑上刻印着"郑成功战士"。……

天空之城
（一至三年级）

春天，一个小天使正坐在白云上荡秋千玩耍，一辆彩虹车子在云朵铁轨上通过，铁轨的一路都是盛开的鲜花。几朵白云一起撑住了铁轨，这样铁轨在天空中就能更稳固了。天使摘了几朵铁轨旁漂亮的鲜花，她很快乐，因为快乐天使就越飞越高了。

人们坐在彩虹车子里行走在天上的铁轨上。"啊！天空真美丽啊！"人们大声感叹。他们很高兴到了天空上的城市，天使送给农民伯伯一些钱，让他们在天空的城堡里买东西吃。农民伯伯想回去了，他们用天使给他们的钱买了车票，又回到了农村继续干活。

农民伯伯非常感谢天使，他们送给她一些果子，还邀请天使去他们家做客。天使也邀请他们去她家住。就这样他们互相在地面和天上往来着。

农民伯伯在天空城堡里种地上的农作物，天使在人们的土地上种天上的仙果。如果人们需要帮忙，天使就下凡来帮助大家；天使需要帮忙，农民伯伯就买车票坐彩虹车到天空帮她。天使说："你们不用买车票了，我直接带你们飞上天空吧！"

农民伯伯还把稻草人带上了天空看庄稼，把草也种在了天空上。天使感谢地对农民伯伯说："以后我们一起去游乐园玩吧！"

秋天的乐韵
（一至二年级）

在一个美丽的秋天，田野里一个稻草人正在听小蜻蜓唱歌。原来是蜻蜓们在举办音乐会，看谁唱得最好听。

稻草人说："全部小蜻蜓都唱得很好听！"小蜻蜓说："稻草人，谢谢你鼓励我们。我们一起为你合唱一首歌吧！"小蜻蜓还没有唱完，稻草人就鼓掌说："你们唱得这么好，以后我还要听！"

整个秋天，稻草人每天都待在田野里，等待着小蜻蜓们来歌唱，这是它听过的最动听的秋天的乐韵。

儿童心理与思维发展分析：

《天宫》是一个三年级儿童在小团体中的个人独创，因为当时团体中的另两个孩子还没有打开创作思路。当团体发展处于不平衡，或有的孩子还没有创作思路时，可以让思路还没有打开的小孩继续在团体的发展氛围中慢慢成长,鼓励发展较快的孩子带领与影响团队。《天宫》除了反映儿童的联想能力外,故事更体现了他勇敢的品质。"天桥其实是可以让地上的人通往天空的皇宫的,但从来没有人敢尝试走上去看看。有一天,一位胆子很大的小朋友独自走了上去。"这段既是故事情节,也是儿童心理与个性的体现。看见郑成功战士的石碑雕像,与其说是故事的联想,更贴切来说是儿童内心的看见、内心的向往,对勇敢的英雄的无限爱戴。

通过儿童故事我们可以看到儿童的个性和潜能等各个方面,这个儿童平常是一个好动、爱玩、爱搞恶作剧的男孩,但在童话故事创作中他逐渐安静、专注,用心上课和思考,儿童善良的本质逐渐舒展与成长。正如理论部分谈到的人格结构和人格分析,当人的高我本能、本性被启迪,受到培养,就会展现出创造力。

《天空之城》是一个非常动听和纯真的儿童故事,反映了儿童纯真、善良、互助、美好的心灵。农民伯伯在天上种庄稼,天使的仙果在地上栽种,多么美好与充满联想的世界。让儿童自由联想,是他们自我心灵成长与生命发展的重要途径,和艾利塔的自由联想带给世界的精彩一样,本书记录的儿童口述创作童话也是如此。

《秋天的乐韵》是三个本来都很内向、不敢说话的小女孩创作的,她们在后来的学习中慢慢得到了发展。故事题目是教师帮她们拟定的,最后一句也是教师帮助她们完结的。在口语故事中,教师帮助儿童在表述上的提升也非常重要。

第六节 第五课《飞翔的童话书》

(课时:90分钟)

一、教学实践

表5-7 第五课《飞翔的童话书》教学实践

第一部分
学习热身与启蒙(40分钟)

教学环节一、歌舞热身(3~5分钟)	
可继续选用《种太阳》	
教学内容	带领儿童进行3~5分钟歌舞热身,教师设计好舞蹈动作,带领儿童边唱边跳,鼓励儿童身心的积极发展

续表

教学环节二、儿童绕口令热身（15分钟）

教学内容	1. 朗诵内容	绕口令：瓜瓜和花花 瓜瓜去商店买袜， 花花给瓜瓜拿来画。 瓜瓜怪花花把"画"当"袜"大笑话， 花花怨瓜瓜把"袜"说成了"画"。 把"袜"说成"画"的瓜瓜， 决心今后上好学、读好书、说好话， 不再闹出大笑话。
	2. 教学步骤	A. 教师示范朗诵后让儿童跟读： a. 做好板书，给儿童指出袜、瓜、画、话的正确发音； b. 教师示范朗读： 教学要求：教师设计好配合绕口令朗诵的肢体语言，呈现有趣的生活情景，如能准备合适道具更增加朗诵的趣味性、故事性、直观性，如画和袜，让儿童感受到绕口令的情景趣味，朗读节奏轻快有趣
		B. 提问环节： 师问：孩子们，请举手告诉老师，这首绕口令讲了些什么呢？ 生答：瓜瓜去买袜子，但花花以为他要买画，瓜瓜普通话没有说好，闹矛盾了，所以要学好普通话
		C. 集体跟读三遍： 注重整体的朗读节奏，及时纠正拖沓现象，给予适当的指导，鼓励身体语言与表情的表达
		D. 分组进行情景朗读： 注重朗读节奏不拖沓，发音正确，注重朗诵具有情感性，鼓励儿童用简单的肢体语言表达出语境中的情景交流，对每组孩子的朗诵给予鼓励与指导意见。分组朗诵教师可以对学生的朗诵指导更细致，更能提升学生的朗诵能力和水平
		E. 分组角色扮演进行故事创造性朗诵： 孩子分组后，组员分别扮演花花和瓜瓜，把瓜瓜的顾客身份、花花的营业员身份，用自己的理解表达出来，在朗诵环节加入合理想象。比如"瓜瓜去商店买袜，花花给瓜瓜拿来画"这句，瓜瓜可以加一句"营业员先生（或女士），我想买袜"。而花花则为他拿来一幅画，可以容许孩子具有符合语境、情

续表

教学内容	2. 教学步骤	景的夸张性表演，这种学习方式也是幼儿期过家家游戏的升级版。 不同组别有不同的创意想象，关键是引导他们想象要符合语境和故事逻辑。儿童的分组表演既让他们开怀大笑，又培养了观察、分析与赏析能力，在创意想象上具有更多可能性
		F. 集体熟悉朗诵1~2遍

教学环节三、课程主题导入（10分钟）

1. 提问	师：是的，学好普通话，读好书真的很重要，不把话说好，不把书读好是会闹笑话的。现在请孩子们告诉老师一本你读过的书，并告诉大家这本书的内容。 生：……
2. 分享引导	教师和孩子分享自己童年喜爱的书本及对自己的成长影响，与儿童进行更深互动与交流，促进儿童对书本在成长中作用的认识，对书本产生更深的热爱。 教学备注：从上一环节的动态教学，儿童快乐学习的情绪已经被高度点燃，在这个情绪体验的高峰，教师导入好好读书的升华分享，儿童不但能从情感上接受，而且会烙印于心，这也是情感智力教学的精粹
3. 小结，突出主题，强化认识和理解	孩子们，要热爱阅读，热爱书本。一本好书可以引领大家攀登卓越的高峰，带领大家在无限宽阔的世界翱翔

教学环节四、童话故事分享（5分钟）

1. 教学导语	同学们，书本带给了我们很多美好，现在关于书本也有一个童话，让我们都来听一听
2. 朗诵示范： 教师进行故事朗诵，做好语言表达在语速、语调、生动性等方面的示范，并从肢体、表情等方面展示童话的故事性	**地球是一本童话书** 　　很久很久以前，传说地球是一本童话书，每个字符都是种子，种在地里就能长出大树；每张图画都能化开，变成山川和河流。字符种子长成的大树越来越大，句子是它们的枝叶，符号是它们的花朵。风闻到了花香急忙赶来了，还吹动了树叶，沙沙、沙沙，哦，这不就是书页翻动的声音吗？花香越飘越远，蜜蜂急忙来采蜜，酿成了童话蜜，鸟儿们赶来了，把童话翻译成了鸟语歌谣……

续表

3. 教学导语		这是一本关于书的童话,非常动听,充满神奇的想象。等会儿休息回来,请大家也一起编一个关于书本的童话吧。 教学备注:教师也可以在这个环节提问学生这个童话说了什么,有什么感受。因为童话是诗意与象征,当儿童把诗意与象征翻译成叙述性语言时,对思维与表达也是很大的挑战,所以只需要儿童能回答故事大意就可以了,重点是聆听他们对故事的感受

教学环节五、休息(5分钟)

第二部分
儿童团体即兴口语故事创作(50分钟)

教学环节六、儿童团体即兴口语故事创作(40分钟)

教学步骤	1. 观察力与表述能力培养	出示图片,问儿童图片里有些什么,鼓励儿童发展细致观察的能力和完整句的表达能力。 教学导语:"现在有两幅关于书本的图画,先请同学们告诉老师,图画里面有什么?" 教学示例:生答:"我看见有个小男孩在书本上骑着积木车,旁边飘着白云,白云上有数字。"这样的回答就是对图观察细致,语句表达完整。当学生做出这样的表达时,教师应给予鼓励
	2. 儿童团体即兴口语故事创作(35分钟):儿童团体编故事时播放衬底音乐:八音盒音乐《唯美》 教学指导与难点同前几课	教学步骤: a. 把儿童分组后,指导他们以团体故事组织形式,每人轮流说一句话,组织成一个合乎逻辑的故事; b. 邀请儿童分组出来每人一句话展示团队接龙的故事,教师边聆听鼓励,边提出指导意见,引导儿童准确进行语言表达,如语句逻辑性、语词运用正确性等; c. 教师提出指导意见后让儿童团体再次组织起来,完善故事或发挥故事创作的更大空间; d. 邀请儿童再次出来展示团队接龙的故事,教师给予鼓励及提升的指导建议

续表

教学环节七、儿童学习感受表达与教师的总结或鼓励（5分钟）	
教学导语	1. 复习儿歌，简洁回顾学习过程； 2. "今天老师看见每位同学的学习热情都非常饱满，现在请你思考一下，用一句简单的话说出你今天的学习感受。" 3. 教师边聆听每位孩子的学习感受，边给予每个个体鼓励。 教学备注同前几课
教学环节八、歌舞结束（5分钟）	
教学环节九、教学拓展 备注：该教学环节教学方可根据教学资源是否足够，决定是否进行教学拓展	
教学方法	1. 邀请家长了解本节教学内容，回家亲子一起游戏表演朗诵《瓜瓜和花花》，实现亲子共同学习、共同成长； 2. 经过这节课的情感学习，孩子们会很热爱书籍、热爱学习，家长们可以多引导孩子阅读的兴趣。自己也要以身作则继续学习，终身学习、终身成长的家长，就是孩子最好的老师； 3. 鼓励孩子们去续未完的故事，画、写、说的方式都可以，家长可以聆听或共同参与故事创作，不评判，更不主观批判，让儿童的想象力得到发展。可以把孩子们的故事内容告诉教师，由教师给专业建议； 4. 鼓励孩子学以致用，家长让孩子适当地在平常生活中自己去购买商品
教学环节十：教师的教学日记	
1. 教学观察：	
2. 教学记录：	
3. 教学思考和领悟：	
4. 其他想法：	

二、儿童团体口语故事创作教学案例

云上的数字

（一至二年级）

有一本神奇的书，打开书页，里面竟然有个盛开着花朵的乐园。有一个爱看书的小男孩发现了这个秘密，他每天都来到这个神秘的书中乐园骑木马。

有一天，他一边骑着木马一边拿着放大镜想认真观察一下世界。他拿着放大镜看天空，竟然看到白云上有数字，觉得非常奇怪，数字怎么会飘到白云上的呢？

于是他回家问妈妈，妈妈也说自己从来没见过白云上有数字。于是他又跑去问爸爸，爸爸也不知道为什么白云上会有数字。小男孩不相信："爸爸，您不是天文科学家吗？怎么会不知道呢？"爸爸说："我确实不知道，你去问爷爷吧。"小男孩于是又跑去问爷爷，爷爷也不知道。

最后，他只好跑去问奶奶，奶奶说："我刚刚看到一只小鸟把数字放在了白云的上面。"小男孩又看看天空，白云上果然有两个数字。哦，他明白了，原来是淘气的小鸟偷偷把书本里的数字叼走了，放在了白云上。

魔法书
（一至二年级）

原来叶子可以变成降落伞，叶子也可以变成飞毯。一个小男孩驾着叶子做的降落伞降落到书本上，一个小女孩坐在叶子变成的飞毯上飞来飞去。他们一起降落到一本书上，他们仔细地去发现这本书，原来这不是一本普通的书，而是一本魔法书。魔法书很有趣，小女孩可以在书中玩飞行，小男孩可以在书本中跳舞。他们翻着这本魔法书，发现原来都是魔法故事，这是一本想变什么就变什么的魔法书。老师提醒小男孩和小女孩别把这本宝贵的魔法书弄坏了。

可是魔法书突然飞走了。老师对小男孩和小女孩说："你们看，魔法书都飞走了，不喜欢你们了。"原来是他们在书中玩飞行和跳舞时把书本弄烂了一页。

魔法书飞走后，小女孩和小男孩都很伤心，他们以后都懂得了爱护书本，不在书本上乱涂乱画了。

有一天，魔法书忽然又出现在书架里，小女孩和小男孩又能和魔法书在一起了！

守信用的好孩子
（二年级）

有一天，有两个小孩撞到桌角了，原来那张桌角藏着魔法装置，一下子就把他俩缩小了。缩小了的孩子原来可以用叶子当降落伞飘来飘去，他们就这样驾着降落伞在空中飘呀飘，玩呀玩。忽然一本书从天上掉了下来，书本里飞出了红色和绿色的蜜蜂，小男孩和小女孩都觉得很神奇，他们决定一起去探索书本里的世界。

原来这书本里有童话故事，也有科学知识。他们觉得这本书非常好，要把它带回家自己拥有。书本却不愿意，因为别的小朋友也要看，所以只能把自己借给他们回家看几天。过了几天，他们真的把书还给它自己，让它自己决定去找哪个小朋友。书本开心地说："你们真守信用。既然你们这么守信用，我就把自己送给你们吧。"他们说："不用了，谢谢。因为还有很多人需要你。"书本赞扬他们说："你们真是又能守信用，又能考虑别人需要的好孩子。"

儿童心理与思维发展分析：

童话《云上的数字》展现了儿童不断追问世界、探索世界的强烈愿望，故事最后"原来是淘气的小鸟偷偷把书本里的数字叼走了，放在了白云上"，展现了趣味盎然的童心，故事情节不可思议却又合情合理，体现了儿童式的幽默。而这种幽默正是儿童独有的自问自答的思维方式。如果成人允许儿童发展这种自问自答的思维，其实是鼓励儿童探索世界、认知世界、追问世界，发展求知探索的精神。如果在童年期儿童的探索心理受到启迪、关注和鼓励，在整个人生发展中无疑意义深远。

童话《魔法书》《守信用的好孩子》，儿童先是想象，在想象中随着故事情节的展开，儿童团体共同意识到了爱护书本的重要性、守信用的重要性、为他人着想的重要性。儿童在饶有趣味的口述创作中，实现了自我领悟与自我教育。符合童心就是儿童需要的教育方式、成长方式。

第六章
教学实践第二单元《做个有教养的孩子》

第一节 单元简介及情感智力教学图

在第一单元的学习中，我们通过童话、艺术等美育培育儿童的情感，通过团体互动、合作、创作故事，让儿童更多地认识自我、认识他人、认识世界，这就是情感智力。如果先开始第二单元的教学，儿童的理性可能会强于感性。先开展第一单元的教学，既尊重了儿童的心灵特点、成长规律，又培养了丰富的情感，对第二单元教学所培养的现实情景逻辑思维、解决问题能力是有益的，也是循序渐进的学习过程。第二单元现实情景的实践性，发现问题、解决问题能力和独立能力，是对儿童情感智力的更大拓展，

图6-1 第二单元情感智力教学图

是"情"不断通过实践升华为"理"的"情智"，是情与理的交融、推进与升华，丝丝入扣地深化到了儿童的心灵、人格与思维（图6-1）。

第二节　第六课《互助好少年》

（课时：90分钟）

一、教学实践

表6-1　第六课《互助好少年》教学实践

第一部分 学习热身与启蒙（40分钟） （本节课第一部分内容较多，教师可根据实际情况选用教学环节）		
教学环节一、歌舞热身（3~5分钟）		
1. 教学目标	调动儿童身心热情参与到学习中（参考选用：儿歌《花仙子》）	
2. 教学内容	带领儿童进行3~5分钟歌舞热身，教师设计好舞蹈动作，带领儿童边唱边跳，鼓励儿童身心的积极发展	
教学环节二、绕口令热身及课程主题导入（10分钟）		
1. 教学目标	①促进儿童语感能力发展； ②培养语言学习的浓厚兴趣； ③形象思维的培养； ④朗诵能力培养； ⑤思考能力的培养； ⑥语句组织能力的培养； ⑦听、读能力与表演能力的综合培养； ⑧人际交流、互助的兴趣启迪	
2. 教学内容	①朗诵内容	绕口令：过桥 南边来了一只小老虎， 北边来了一只大老鼠， 一起走到小桥上。 小老虎龇牙咧嘴叫让路， 大老鼠伸爪咆哮露身手。 小虎不让大鼠， 大鼠不让小虎。 虎头撞鼠头， 鼠头撞虎头。 虎头鼠头晕乎乎， 扑通一起掉到河里头。

续表

2. 教学内容	②教学道具		虎和鼠的不同装饰，比如虎头的设计可以有"王"字，鼠可以自由想象，增强故事的形象性、幽默感
	③教学步骤	A. 教师朗诵示范	教师配合表情、肢体语言进行示范朗读，让儿童感受故事的趣味性
		B. 教师带读	让儿童熟悉朗诵并了绕口令的内容
		C. 学习提问	a. 师问：同学们，请举手告诉老师，这首绕口令讲了些什么？ 生答：虎和鼠一起过桥，但都一起掉到河里了； b. 师问：为什么它们都会掉到河里呢？ 生答：因为它们都争着过桥，所以掉下去了； c. 师：对，它们因为互相不谦让，最终谁都过不了桥，掉到水里了
		D. 教师带领儿童集体熟读绕口令	注意纠正儿童的发音、语速、语调等，提升语言能力
		E. 扩展学习： 教学备注：点评是情感智力很重要的部分，快乐成长，并不仅仅是欢声笑语，而是在笑声中有思考、有进步，懂交流、懂分享。在成长中只会笑，没有挫折，不会思考，没有领悟的人也是散漫的	a. 角色扮演朗诵： 带领鼓励儿童边朗诵绕口令，边分组扮演虎和鼠。鼓励儿童在角色扮演中进行语言学习，增强儿童联想力，激励强烈的学习兴趣。如第一单元一样，鼓励儿童在朗诵环节加入创造性想象，比如"小老虎龇牙咧嘴叫让路"这句，朗诵完后，可以增添一句小老虎的对白："你快让开，让大王我过去！"大老鼠那句也可以增加一句对话。每组儿童自由想象，教学乐趣无穷，儿童像观赏一部部小电影一样快乐； b. 教学扩展： 经过一个单元的学习，儿童的赏识能力、表达能力已经有了很大提高，教师可以邀请孩子们点评每组创造性表演的各种情况和感受

续表

教学环节三、学习提问与主题导入（5分钟）			
1．教学目标	①引导启发儿童人际交往、交流认识的发展； ②鼓励儿童大胆表达与交流，解答孩子们提出的困惑与疑难，引导儿童良好的人际交往能力，培养开朗、阳光、自信的个性		
2．教学导语	虎和鼠因为互不谦让都掉到水里了，请告诉老师，你们在学校里有没有同学因为互不谦让而发生过不愉快的事情？		
3．注意事项	在这一环节教师要聆听儿童的表述，适当给予正确的引导和指导，如可对他们遇到过的矛盾提供建议或邀请团体其他儿童发表建议。 教学备注：如曾发生比较严重的事件，教师课后要和家长沟通。儿童在家庭、学校、社会所遇的严重事件，如果没有得到及时疏导、引导，是各种心理问题及犯罪的根源。这样的教学启迪，儿童在开放温暖的情景中容易打开心扉，让成人了解到他们可能遇到的事件，及时提供帮助		

教学环节四、文明歌朗诵、总结（10分钟）			
1．教学目标	①促进儿童语感能力发展； ②对礼貌、谦让交流的更深领悟		
2．教学内容	①朗诵内容	文明歌学习：文明礼仪要记牢 从家里到学校， 文明礼仪要记牢。 常把地面扫一扫， 热爱劳动环境好。 乘坐公交到学校， 前上后下守秩序。 遇见老师和同学， 敬礼问好有礼貌。 文明礼仪要记牢， 细节要领要做好！	
	②教学步骤	A．教学导语	师：老师听了大家说学校发生的事情，只要大家都做一个讲文明礼貌的孩子，不愉快的事情就会越来越少，大家相处得更愉快。文明礼貌要先从自己做起，现在先听老师朗诵文明礼貌歌，接着大家一起学习，做一个讲文明懂礼貌的孩子

续表

2. 教学内容	②教学步骤	B. 教师朗诵示范	教师配合肢体语言、表情进行示范朗读，表现出礼仪的风采与风度。抑扬顿挫的朗诵让儿童在潜移默化中获得正确的发音和朗诵技巧，同时发现朗诵充满了创造与乐趣
		C. 教师带领儿童跟读一篇后提问	a. 教师带领儿童跟读一遍； b. 师问："请举手告诉老师，文明歌讲了什么？" 生：回答文明歌中的礼貌礼仪
		D. 儿童集体熟读文明歌	注意纠正儿童的发音、语速、语调等，提升语言能力，培养儿童良好的朗诵能力，并让儿童模仿教师的礼仪肢体语言边朗诵边表演，潜移默化中塑造良好的行为礼仪气质

教学环节五、互助童话启迪（5分钟）

1. 教学目标	①启发儿童故事创作与组织能力； ②通过故事，启悟儿童互助的美好心灵与世界	
2. 教学步骤	①教学导语	对，文明礼仪是重要的，互助是重要的。现在让老师跟大家说一个动物界里关于互助的童话
	②朗诵内容及示范：教师进行故事朗诵，做好语言表达在语速、语调、生动性等方面的示范，并恰当展现出童话故事在语言表达中的联想空间	**童话：瓢虫小警官** 　　小蜜蜂迷路了，森林像个大迷宫，它找不到回家的路。小蜜蜂哭着喊："妈妈……妈妈……"巡视森林的瓢虫警官听到了哭喊声，一支小分队就飞来了。小警官对小蜜蜂说："别怕，我们带你回家！"小蜜蜂擦干眼泪，和小警官们一起踏上回家的路。飞呀飞，天黑了，小蜜蜂又害怕了。瓢虫警官小分队"唰"地整齐一抖，身上的小圆点就一起亮了，警灯照亮了漆黑的道路！打坏主意的昆虫都吓得躲到树洞里去了。小蜜蜂不怕了，它们继续飞，小蜜蜂听到妈妈的呼唤了，它到家了！
	③提问环节	师问：告诉老师，这个童话讲了什么？ 生答：小蜜蜂迷路了，瓢虫警官分队帮助它回家。 师总结：是呀，在小动物、植物的世界里都能够互助友爱，更何况在我们人类的世界呢？待会儿大家合作编一些关于互助的故事

教学环节六、休息（5分钟）

续表

第二部分
儿童团体互助故事创作（50分钟）
主题：借与还

教学环节七、儿童团体互助故事创作（40分钟）		
1. 教学目标	①启发儿童故事创作与组织能力； ②通过故事，启悟儿童互助的美好心灵与世界； ③发展儿童的观察能力、生活联想能力； ④人际交流语言的良好运用； ⑤团体的合作、创作能力培养	
2. 教学步骤	①观察力、表述能力与生活联想能力培养，启发并引导儿童的思维进入下一个团体编故事的环节，处理生活情境问题（10分钟）	出示能引起儿童对借与还进行情景联系的图片，并问儿童图片里有些什么，鼓励儿童发展细致观察的能力和完整句的表达能力，通过图片引起儿童处理情景问题的联想和兴趣。 主题：借与还 教学示例： 师问：这张图片有些什么呢？ 生答：两个小学生背着书包一起上学，他们手里还拿着三本书。 师：是的，我们已经成为小学生了，书籍是我们的朋友，有时候同学会喜欢自己的书籍，自己也可能希望阅读别人的书籍，向别人借书或别人借自己的书都可能会发生。老师现在先问大家，如果向别人借书应该怎么说才有礼貌呢？ 生答：请问你能借××书给我吗？ 师问：对，如果我们对同学的书籍感兴趣，需要先有礼貌地征询别人的意见。可是，是不是有礼貌地征询了别人，别人就必须借给我们呢？ 生答：…… 师问：如果别人有原因而不能借时，你会怎样呢？当别人愿意借书给我们，我们又应该怎样对待借来的图书呢？ （引导学生对生活情景的广泛联想，培养换位思考与处理情绪的能力） 生答：…… 教学备注：通过学生的回答，教师可以了解到学生日常的行为、个性，在教学中鼓励良好行为的发展，修正偏差行为

续表

2. 教学步骤	②儿童团体互助故事创作（25分钟）	A. 教学步骤： a. 把儿童分组后，指导他们团体合作编出关于互助的故事，要有礼貌语言的运用（5分钟）； b. 邀请儿童分组出来展示他们创作的故事，教师边聆听鼓励，边提出指导意见，引导儿童准确进行语言表达，如礼貌言语、感谢语的运用等（10分钟）； c. 教师提出指导意见后让儿童团体再次组织起来，完善或发挥更大空间创作故事（5分钟）； d. 邀请儿童再次出来展示故事，教师给予鼓励及提升的指导建议（5分钟）
	③总结与提升孩子们在故事创作中对美好语言的运用，加强和加深儿童对人际交流语言的认识与熟练运用（5分钟）	把孩子们在故事创作中体现出的精彩人际交流语言在黑板上板书，并给予儿童礼貌之星、文明之星或互助之星的赞誉。激励儿童学习的兴趣，体会对美好语言学习、人际互助交流的美好感受

教学环节八、儿童学习感受表达与教师的总结或鼓励（5分钟）

1. 教学目标	①引导与发展儿童对学习的感悟能力，鼓励自主学习精神的发展； ②真实了解儿童的学习情况，及时对教学做出调整并进行个体的发展指导
2. 教学步骤与教学导语	①复习本节课的绕口令、文明歌； ②"今天老师看见每位同学的学习热情都非常饱满，现在请你们思考一下，用一句简单的话说出你今天的学习感受。" ③教师边聆听每位孩子的学习感受，边给予每个个体鼓励。 教学备注同第一单元

教学环节九、歌舞结束（5分钟）

教学目标	舒展儿童身心，让儿童再次在歌舞热情中巩固情景记忆、情感记忆，培育情感智力

教学环节十、教学拓展

教学目标	1. 帮助家庭开展儿童素质教育的学习，了解、理解儿童的成长过程，为儿童的健康成长建设更宽阔的天地； 2. 邀请家长了解本节教学内容，回家亲子一起游戏表演朗诵《过桥》或文明歌，实现亲子共同学习、共同成长； 3. 儿童学习了生活常识、问题解决"借与还"后，引导家长观察儿童在生活实际中解决问题的实践运用，并让教师了解； 4. 从解决问题这节课开始，由于情景智力部分的切入，儿童的智力结构、思维特质开始更多呈现。所以从本节课开始，教学案例所体现的就是人类的情感智力了

教学环节十一、教师的教学日记

1. 教学观察：

2. 教学记录：

3. 教学思考和领悟：

4. 其他想法：

二、儿童情景问题处理课堂案例

借书一

甲：我听同学说你这本书很好看，能不能借我看一下呢？

乙：可以的，但你可以答应我看完后还给我吗？

甲：可以，我一周之内会还给你。我也会爱护你的书，不会乱写乱画，也不会撕烂。

乙：好，那我就借给你吧。

甲：谢谢你的信任，我也有一本很精彩的书，明天带来和你分享吧。

借书二

甲：听同学说你有一本很好看的书，请问可以借我阅读吗？

乙：是的，但这本书是我爸爸送给我的生日礼物，很珍贵。虽然我心里愿意和你分享，但有些舍不得。

甲：哦，我明白。那我用书套保护你的书，这样可以吗？

乙：真是好主意，那我就借给你吧。

甲：谢谢你，请放心，我会像你一样爱护你爸爸送给你的礼物的。

借书三

甲：我看到你这本书的书名就非常感兴趣，请问你看完后能借给我吗？

乙：很抱歉，这本书有很多学习内容，我正在学习，说不定什么时间才能借给你。

甲：我理解，那能让我把书名和作者名字写下来吗？这样我也可以买一本了。

乙：太愿意了！把我的笔借给你！

情感智力分析：

儿童经过了第一单元情感美育的学习，对世界、人际、书本有了更多善意和信心。在情景启迪后，儿童对人际互动更具主动性，而非被动适应和应付。比如当别人借阅书籍时，能恰当得体地提出合理条件：阅读完后要归还。而借阅者也能换位思考，人际互动既主动得体，又能设身处地，比如主动提出还书时间、对书籍的保管方式、分享自己的书籍等。情感智力因为能细观察致情景，对自我需要与他人需要有恰当的理解，所以解决问题时体现出了合情合理的能力，也即情感智力包括情景逻辑智力和解决问题的能力。反之，当儿童不善表达，对情景问题欠缺理解，对自我需要、他人需要理解不当时，儿童的社会性发展就会出现退缩、冲突或各种心理矛盾。犯罪心理学研究发现当罪犯缺乏了家人的情感支持、情感联结，罪犯不但对生活失去信心，也会对抗监狱对他们的改造。所以，情感智力的教学对个人、社会、人类的发展都大有裨益。

第三节　第七课《文明好学生》

（课时：90分钟）

一、教学实践

表6-2　第七课《文明好学生》教学实践

第一部分
学习热身与启蒙（35分钟）
教学环节一、歌舞热身（3~5分钟）
教学内容：带领儿童进行3~5分钟歌舞热身，教师设计好舞蹈动作，带领儿童边唱边跳，鼓励儿童身心的积极发展（参考选用：儿歌《花仙子》）
教学环节二、绕口令热身及课程主题导入（10分钟）

续表

教学内容			
	1. 朗诵内容		**绕口令：雁群** 雁群飞，排成队，雁弟弟，掉了队。雁姐姐，慢点飞，雁弟弟，快点追。雁群讲团结，谁也不掉队。 雁姐姐，重整队，雁弟弟，追上队。雁群团结有智慧，海阔天空任尔飞。
	2. 教学步骤	A. 教师朗诵示范	教师配合表情、肢体语言进行示范朗读，把大雁团结友爱的画面通过朗诵展现出来，让儿童感受故事的趣味性
		B. 教师带读，儿童跟读	让儿童熟悉朗诵并了解绕口令的内容
		C. 学习提问及通过动感的情景式朗诵，更深感受大雁的团结和理解教师在自己成长中的付出	a. 师问：同学们，请举手告诉老师，这首绕口令讲了些什么？ 生答：雁群排队讲团结，大家都不掉队。雁弟弟掉队了，雁姐姐重整了群队的队列，雁弟弟追上了队伍。因为雁群讲团结又有智慧，所以它们能自由翱翔在蓝天； b. 师答：对，如果大雁掉队了，就很难在大自然中独立生存了，所以团结合作、互相关心对它们非常重要。而我们人类也一样，如果我们离开了学校也很难学习、成长。因为我们年纪小，还不够强大，就像雁弟弟一样容易掉队。老师就像带头的大雁，不但要帮助雁群在无垠的天空找到方向，还要教会每只小雁学会飞翔，不要掉队。因为老师的任务很多很重，所以团队里有像雁姐姐这样的同学就很重要了，发现掉队的同学，及时提供恰当的帮助。现在让老师扮演领队的大雁，你们就是雁姐姐、雁弟弟，我们一边朗诵一边飞翔！大家在飞翔中尝试一下互相帮助哦！朗诵时可以想象一下如果你是雁弟弟，你是怎样跟不上团队的？如果你是雁姐姐，你又是怎样帮助雁弟弟和雁群的？

教学内容	2. 教学步骤	D. 教师扮演带头的大雁，关注小雁们的飞翔	教学备注： a. 教师带领孩子边朗诵边飞翔，让孩子通过动感情景活跃身心的同时，从更深的角度感受教师在自己的成长中付出的关注。除了孩子们通过雁姐姐、雁弟弟进行符合语境的联想外，教师扮演的大雁也可以在情景中和孩子们互动、想象和配合。也可以安排学生扮演领头的大雁，视教学具体情况做安排； b. 说大道理不是儿童的认知模式，通过他们感兴趣的类比故事，会让儿童从心理上更愿意接受这样的成长，这个环节的情感体会更好地引领儿童进入下一个教学环节

教学环节三、提问与分享（5分钟）

1. 教学导语	师：领头的大雁就像老师，老师对学生的表扬、鼓励或者批评，最终的目标都是不希望有孩子掉队。现在和老师分享你在学校里遇到过什么表扬或批评的事情，好吗？
2. 注意事项	聆听每个孩子的分享，对他受到的鼓励和表扬也同样给予肯定，让其他孩子获得更多的成长启发；对孩子受到的批评，要恰当宽慰，并肯定他敢于承认错误，只要认识到错误、改正错误的孩子同样是优秀的孩子

教学环节四、文明歌朗诵小结（10分钟）

教学内容	1. 朗诵内容		**文明歌学习：上课** 上课铃响进教室，不乱动来不闲聊。 安静专注备好书，精神饱满学知识。 专心聆听爱思考，积极发言勤举手。 读写姿势要端正，上课文明要记牢。
	2. 教学步骤	A. 教师朗诵示范	教师配合肢体语言进行示范朗读，把饱满的学习精神、礼仪风采传递给儿童
		B. 教师带读，儿童跟读	让儿童熟悉朗诵并了解文明歌的内容

续表

教学内容	2. 教学步骤	C. 总结和预告下个环节	教学导语：老师就像领头的大雁，带领鼓励着大家成长，所以在学校要尊敬老师，端正礼仪和学习态度。先休息一会儿，回来后有几个学校里的小故事和难题需要你们帮助这些小朋友解决。我们不只是懂得这些道理，更重要的是能在生活中实践，做一个知行合一的学生

教学环节五、休息（5分钟）

第二部分
儿童团体互助故事创作（55分钟）
主题一：碰撞同学了
主题二：向老师请教

教学环节六、儿童团体互助故事创作（45分钟）

教学步骤	1. 图片出示，布置问题、解决问题，鼓励开放性的情景联想，从多个角度启迪儿童	出示合适图片，并说明每组图片解决问题的任务。 教学示例： 主题一：碰撞同学了 A. 师问：这是一个碰撞到同学的故事，小刚放学时不守纪律冲出教室，碰撞了小华，如果你是小刚，你会怎样对小华说？如果你是被撞的小华，你又会怎样面对被撞的事情； 生答：如果我是小刚，我会对小华说对不起； B. 师问：可小刚是不遵守纪律冲出教室的，守纪律是小学生守则，这是明知故犯。如果是明知故犯的行为，大家认为只说对不起可以吗？（启悟儿童对于改正自身错误的思考） 生：…… C. 师问：如果你是被撞的小华呢？ 生答：我会回答没关系； D. 师问：可如果你说了没关系，那小刚可能就不会改正自己明知故犯的问题和个性了，他可能会以为撞到别人是件无所谓的事情。思考一下，我们怎样处理这件事情才能既帮助到犯错误的同学，又能保护好自己？等会儿处理这组难题的同学可以多思考一下。 主题二：向老师请教 A. 师问：小方学习上遇到问题不会做，现在要去老师办公室请教老师，如果你是他，你会怎样向老师请教？ 生答：请问老师，这道题怎么做？

续表

教学步骤		B. 师答：还比较有礼貌，可小方是要到老师的办公室去请教，还有没有需要注意的礼仪呢？另外，再想想老师在办公室是否也在忙着批改作业或其他呢？如果老师正在忙，我们又应该怎样做呢？
	2. 儿童团体问题解决故事创作（30分钟）	教学步骤： a. 把儿童分组后，指导他们团体合作编出关于解决问题的故事，注意礼貌语言的运用（5分钟）； b. 邀请儿童分组出来展示他们创作的故事，教师边聆听鼓励，边提出指导意见，引导儿童准确进行语言表达，如礼貌言语、道歉语、感谢语的运用等（10分钟）； c. 教师提出指导意见后让儿童团体再次组织起来，完善或发挥更大空间创作故事（5分钟）； d. 邀请儿童再次出来展示团队接龙的故事，教师给予鼓励及提升的指导建议（10分钟）
	3. 总结与提升孩子们在故事创作中美好语言的运用，加强和加深儿童对人际交流语言的认识与熟练运用（10分钟）	情感智力教学示例： 主题一：碰撞同学了 小刚： a. 对不起，我不小心碰撞你了，你疼吗？（除道歉外，还表达了对同学的关心） b. 对不起，我不小心碰撞你了，我下次会遵守纪律，改正错误。（除道歉外，还反思了错误的地方，并愿意改正） 小华： a.（不太严重的疼痛）没关系，我也不是被撞得很严重，我相信你下次会遵守纪律的； b.（比较严重的疼痛，一定要告知老师处理） 主题二：向老师请教 向老师请教要注意的礼貌言语： a. 到老师办公室去，要先打招呼，喊"报告"，得到老师同意后再进办公室； b. 老师，您好，请问您现在有时间吗？我有个学习上的问题想请教您； c.（老师在忙的情况下）老师，那我等您有空时再来请教您。老师，打扰了，您先忙吧（向老师鞠躬道别）

续表

教学步骤与导语	教学环节七、儿童学习感受表达与教师的总结或鼓励（5分钟）
	1. 复习本节课的绕口令、文明歌；
	2. "今天老师看见每位同学的学习热情都非常饱满，现在请你们思考一下，用一句简单的话说出你今天的学习感受。"
	3. 教师边聆听每位孩子的学习感受，边给予每个个体鼓励

教学环节八、歌舞结束（5分钟）

教学环节九、教学拓展

教学方法	1. 邀请家长了解本节教学内容，回家亲子一起游戏表演朗诵《雁群》或文明歌，实现亲子共同学习、共同成长；
	2. 引导家长观察儿童、了解儿童学习了本节课人际沟通、解决问题后，在生活实际中的实践运用，并让教师了解

教学环节十、教师的教学日记

1. 教学观察：

2. 教学记录：

3. 教学思考和领悟：

4. 其他想法：

二、儿童情景问题处理教学案例与情感智力分析

《碰撞同学了》第一次合作

小刚：今天我有一个朋友生日，我要去他家过生日会，我太兴奋所以碰撞到你了。真不好意思，要不我扶你到座位上休息一下？

小华：没关系，我只是受了点小伤，我自己去找校医就可以了。

小刚：我去找吧，你坐下来，休息一下。

《碰撞同学了》第二次合作

小刚：不好意思撞疼你了，因为今天我去看新房子，所以有点着急了。

小华：看新房子也不用这么急啊！

小刚：小华，对不起，要不要告诉老师我撞到你了？

小华：不用了，你下次小心点就可以了。我个子大，撞到了也没关系，如果你撞到个子小的同学，就很容易弄伤同学。所以你一定要小心啊！

小刚：我知道了，小华，我会改正的。

小华：你不是去看房子吗？快点去吧。再见。

小刚：再见。

情感智力发展分析：

该教学案例由两名二、三年级的孩子合作处理，经过第一单元的教学，儿童已灵活地把故事创作融合到了情景难题的解决。第一次合作，孩子创造性地增加了想象，为小刚撞到同学的情景设计了前提，并以恰当、得体的方式向被撞的同学表达了歉意，提出扶同学休息是一种诚恳的态度，并主动为同学找校医，这些都是能够学以致用的情感智力的发展。第二次合作，儿童没有止步于教师对他们第一次合作解决问题的肯定，而是主动互换了角色进行新的尝试，情感智力有了更大提高，主要体现在能够主动思考和挑战的自信，开放性解决问题的积极态度和能力。

第四节　第八课《我爱我家——在家也要讲礼节》

（课时：90分钟）

一、教学实践

表6-3　第八课《我爱我家——在家也要讲礼节》教学实践

第一部分 学习热身与启蒙（35分钟）			
教学环节一、歌舞热身（3~5分钟）			
教学内容	带领儿童进行3~5分钟歌舞热身，教师设计好舞蹈动作，带领儿童边唱边跳，鼓励儿童身心的积极发展（参考选用：儿歌《花仙子》）		
教学环节二、绕口令热身及课程主题导入（5分钟）			
教学内容	1. 朗诵内容	绕口令：在家也要讲礼节 爷爷奶奶照顾家，天天看见不帮他。 吃饭不等爹和妈，大吃大喝忘大家。 不守礼节让人厌，长大是个自私家。 在家也要讲礼节，爱己及人人人夸。	
	2. 教学步骤	A. 教师朗诵示范	教师配合表情、肢体语言进行示范朗读
		B. 教师带读，儿童跟读	让儿童熟悉朗诵并了解绕口令的内容

续表

教学内容	2. 教学步骤	C. 学习提问	a. 师问：同学们，请举手告诉老师，这首绕口令讲了些什么？ 生答：讲了小朋友见到爷爷奶奶每天照顾家里，他也不帮忙，吃饭就只顾自己，不等爸爸妈妈。这样的行为长大后会变成自私家，在家里也要讲礼节； b. 师答：对，有没有同学在家里也是这样的呢？如果有这样的行为就要改正了。我们在学校、公众场所要讲礼节，在家里同样也要讲礼节。爱己及人的意思是，我们像爱自己一样爱别人。现在和老师一起大声地朗诵，记住这些最基本的在家里的礼节
		D. 教师带领儿童熟读绕口令	指导、纠正儿童的发音、语速、语调、情感等

教学环节三、小学生在家里的礼节（15分钟）

教学步骤	1. 提问环节	师问：我们已经知道了在家吃饭的礼节了，可是在家里的礼节可不止这一点，现在有没有同学能告诉老师，小学生在家里还有什么礼仪和礼节呢？ 生答：……
	2. 学习小学生在家里的礼仪	A. 具体内容： a. 尊重长辈，孝敬父母。尊重父母的意见和教导，经常和他们交流想法、学习情况，主动求得长辈、父母的教育、帮助，听取他们的教导和指点； b. 关心体贴父母。承担力所能及的家务劳动，主动为父母服务，表达对父母的孝心，尽可能地减轻他们的负担； c. 对父母态度端正。不顶撞父母，不闹脾气，对父母的不正确言行要宽容并适时适度地解释、说明； d. 离家或回家与父母打招呼，未经父母同意不得在外留宿。长辈离家或回家时要主动招呼、递接物品； e. 进父母房间要先敲门，经允许后进入。不得随意翻动父母的私人用品； f. 学会料理个人生活，自己的用品收放整齐，不乱摆放；

		续表
教学步骤	2. 学习小学生在家里的礼仪	g. 生活节俭，不浪费，不摆阔气，不向父母提超越家庭经济条件的过分要求； h. 礼貌待客，谦虚有礼，有客人来访，应以礼相待，起立相迎，热情招呼，主动问候，微笑致意，端茶送水，招呼道别 B. 教学方式： 每条内容都用生动形象的方式向儿童讲解，并在合适的地方提问儿童，启发思考。比如讲述到第f条时可以问儿童学习和生活用品是不是自己整理的等，启发儿童的自我认知能力，加深学习领会，引导学以致用的精神

教学环节四、绕口令小结学习（5分钟）

教学内容	1. 教学导语	师：从今天开始，我们要知道在家里也是有礼仪和礼节的，而且还要知道礼节从每一件小事做起。现在我们再次朗诵绕口令，记住在家的礼仪
	2. 朗诵内容	绕口令：**在家也要讲礼节** 爷爷奶奶照顾家，天天看见不帮他。 吃饭不等爸和妈，大吃大喝忘大家。 不守礼节让人厌，长大是个自私家。 在家也要讲礼节，爱己及人人人夸。

教学环节五、休息（5分钟）

第二部分
我爱我家小剧场（55分钟）
主题一：给长辈说句贴心话
主题二：给妈妈提建议
主题三：为爸爸做件小事情

备注：教师可根据实际情况全选或只选择其中两个主题进行教学

教学环节六、童话故事启迪（5分钟）

教学内容	1. 童话启迪	**太阳家族之孝顺贴心的孩子** 　　大山爷爷老了，无儿无女很孤独，山谷每天都是空荡荡的。太阳家族知道了，稳重的朝阳大哥就唤来彩霞姐姐为大山爷爷轻慢地跳舞，牵着他的手，做做伸展运动。热情的烈日二哥就为大山爷爷做保健，蒸发身体里的湿气浓雾。傍晚，细心的夕阳三弟担心大山爷爷夜里着凉，给他围上了红色的围巾。夜晚，温柔的月亮老师就带来了星星，给大山爷爷轻轻地唱歌。

续表

教学内容	2. 教学步骤	A．教师朗读故事后提问儿童故事讲了什么，培养儿童复述故事的能力，注意事项如前； B．教师小结：对，太阳家族的成员们对老人多贴心啊，等会儿我们也通过分享和故事创作表达自己对家人的爱
教学步骤	教学环节七、我爱我家小剧场（40分钟）	
	1. 阐述任务，并将儿童分组，阐述每组的合作任务	主题一：给长辈说句贴心话 师：在我们的成长中，爷爷奶奶、外公外婆都付出了很多关爱，大家先一起交流分享爷爷奶奶或外公外婆对自己的关爱中，有哪些事情是记忆最深的，然后每个孩子再想出一句讲给长辈听的贴心话。 主题二：给妈妈提建议 师：有一天妈妈做了一道新菜式，小新觉得味道不适合自己。如果你是小新，你会怎样做？会向妈妈说出自己的感受吗？怎样说？扮演妈妈的同学也可以尝试一下，怎么对小新说？ 主题三：为爸爸做件小事情 师：小茵心爱的玩具熊很脏了，但她还是舍不得放下，一直抱着玩。辛苦一天的爸爸回来，不顾自己的疲倦，要帮小茵把玩具熊洗得干干净净。小茵很感谢爸爸，她很想也为爸爸做件事情。如果你是小茵，你会为爸爸做件什么事情呢？
	2. 我爱我家小剧场创作（30分钟）	教学步骤： a．把儿童分组后，指导并明晰每组不同的任务，促进儿童创作团体故事（5分钟）： ★先问儿童什么是贴心话； ★师指导：对长辈的辛劳与付出能感同身受，话语说到人的心坎里的温暖和让长辈感到放心，就是贴心话； b．邀请儿童分组出来展示他们的故事，教师边聆听鼓励，边提出指导意见，引导儿童准确进行语言表达，如关怀语、贴心语的运用等（10分钟）； c．教师提出指导意见后让儿童团体再次组织起来，完善思考，更好地解决问题（5分钟）； d．邀请儿童再次出来展示团队故事，教师给予鼓励及提升的指导建议（10分钟）。 教学重点与难点：对于从小被照顾，而很少去照顾他人、感受他人的孩子来说，这三个情景的表达和处理是有一定难度

续表

教学步骤		的。然而引导儿童换位思考，感受他人，学会表达正是情感智力的教学内容，我们实现的是帮助智力提升的教学。所以，教师引导孩子对这三个情景进行处理时，可以先鼓励儿童通过自己的思考解决问题，教师通过了解、观察他们的处理方式，了解到每个孩子的实际情况。比如贴心话，内心对长辈的付出有感受的孩子才能自然表达出来，感受能力是情感智力的基础，没有感受是说不出来的。说自己没有感受的孩子，教师可以先引导他回想和长辈之间有哪些事情记忆是特别深的。通过事件回忆与交流，引导儿童的人际认知，从而学会表达。有个别孩子可能因为家庭矛盾比较大，不能在这些环节敞开心扉或感到难过、痛苦。面对这些情况，教师不宜勉强儿童，可以表达出理解与关怀，因为情感智力课堂不是心理治疗课，要建议家长尽快寻找家庭教育咨询或心理咨询的帮助
	3. 总结与提升孩子们在故事创作中美好语言的运用，加强和加深儿童对人际交流语言的认识与熟练运用（5分钟）	以下全部是儿童在课堂启迪中的表达： 主题一：给长辈说句贴心话 a. 爷爷奶奶，感谢你们这么多年对我的照顾，在寒冷的冬天，给我穿上厚厚的衣服和裤子； b. 感谢爷爷奶奶疼爱我； c. 谢谢奶奶教会了我走路，天冷的时候我也会给您盖被子。如果爷爷奶奶需要我的陪伴，我就会在你们身边陪你们； d. 我会帮爷爷奶奶浇花，还要帮你们捶背； e. 爷爷奶奶，你们辛苦啦，我会帮你们扫地。 主题二：向妈妈提建议 a. 向妈妈真诚地说出自己的感受： 小新：妈妈，今天这道菜跟您平常做的很不一样，我有些不习惯这个口味。 妈妈：每次尝新都有一个过程，好孩子不挑食，可以慢慢去习惯。挑食对身体发育没有好处； b. 在给长辈建议的时候，给予肯定和鼓励： 小新：妈妈，您今天做的菜盐可能放多了，有点咸。您下次可以把盐少放点吗？如果盐放少一点，我相信您做的这道菜就很好吃了；

教学步骤		c. 在给予长辈建议的时候，不但给予肯定和鼓励，同时婉转、体谅： 小新：妈妈，您做的汤有点咸了，要不还是很好喝的。盐是不是不小心放多了呢？您平时都放得很适量，味道也很好吃。 主题三：给爸爸做件小事情 a. 爸爸下班回来了，我给您拿双拖鞋吧； b. 爸爸，谢谢您这么累也帮我洗小熊玩具，让我和您一起洗吧； c. 爸爸，谢谢您帮我洗玩具，让我给您捶捶背吧； d. 爸爸，您累了，先在沙发上休息一下，我帮您整理房间吧

教学环节八、儿童学习感受表达与课后拓展（5分钟）

教学步骤与导语	1. 复习本节课的绕口令； 2. "今天老师看见每位同学的学习热情都非常饱满，现在请你们思考一下，用一句简单的话说出你今天的学习感受。" 3. 教师边聆听每位孩子的学习感受，边给予每个个体鼓励； 4. 课后拓展：布置孩子们回家给父母做一件事，给长辈说一句贴心话

教学环节九、歌舞结束（5分钟）

教学环节十、教学拓展

教学方法	1. 邀请家长了解本节教学内容，主要是小学生礼仪及家庭人际交流； 2. 让家长了解儿童在课堂学习中不但综合素质在发展，爱的能力也在发展，家长要多学习与儿童平等、尊重的相处方式、沟通方式，这样才能共同建构爱的家园。如果条件允许，可以另外开设家长课堂或亲子互动课堂，家长亲身体验情感交流的人际互动模式

教学环节十一、教师的教学日记

1. 教学观察：

2. 教学记录：

3. 教学思考和领悟：

4. 其他想法：

二、儿童情感智力发展分析

本节课的情感智力语言教学参考全部是儿童的讲述。儿童通过八堂课的学习，语言表达、人际理解、情景理解都有了很大提高。而在这一课里主要是家庭人际的沟通，家庭是情感智力的源泉和基础，如果儿童并不处于一个和谐的家庭，或有家庭造成的心理创伤，这一堂课同学们的发言可能会触碰到他们内心的伤害。教师越早发现儿童心理创伤，家长能尽快修复家庭关系，并接受专业的儿童心理治疗或家庭教育咨询，对儿童的心理与情感智力的修复越好。

这节课通过第一部分的学习，儿童理解了在家也要和在学校一样，要讲礼节、要尊敬长辈，但讲礼节和尊敬长辈却不是为了让儿童只知道听话，而没有了自己的独立思考。理解长辈的辛劳、付出，对长辈说贴心话、为长辈做件小事，都是独立思考的培养。而能恰当地向长辈提建议，对儿童的内在自信、独立人格的塑造意义重大。

本节课记录的儿童在情景表达中对家人的感谢或建议，其本质都是爱的能力，爱在生长，这份爱伴随着自信、独立人格的塑造，意义之深远不言而喻。而情商的本质就是爱，爱的根源是家庭和家人。当教师开展儿童情商教学时，如果条件允许能拓展到家庭教育、家庭成长是最好的。人的一生都需要学习爱，都需要完成爱的功课。

第五节　第九课《我爱我家——客人来》

（课时：90分钟）

一、教学实践

表6-4　第九课《我爱我家——客人来》教学实践

第一部分 学习热身与启蒙（30分钟）		
教学环节一、歌舞热身（3~5分钟）		
教学内容	带领儿童进行3~5分钟歌舞热身，教师设计好舞蹈动作，带领儿童边唱边跳，鼓励儿童身心的积极发展（参考选用：儿歌《客人来》）	
教学环节二、热情文明歌热身及课程主题导入（10分钟）		
教学内容	1. 朗诵内容	**热情待客歌** 门铃响，客人到，快开门，笑问好。 端水果，递上茶，乐分享，把话聊。 客人走，起立送，说再见，请慢走。 热情待客真周到。

续表

教学内容	2. 教学步骤	A. 教师朗诵示范	教师配合表情、肢体语言进行示范朗读
		B. 教师带读，儿童跟读	让儿童熟悉朗诵并了解文明歌的内容
		C. 学习提问	a. 师问：同学们，请举手告诉老师，这首热情文明歌讲了些什么呢？ 生答：客人来的时候要说请进，向客人说您好，递茶给客人，客人走了要送，还要说再见、慢走这些有礼貌的话； b. 师答：对，希望大家都记住这些客人来自己家做客时候的礼仪
		D. 教师带领儿童熟读热情文明歌	指导、纠正儿童的发音、语速、语调、情感等，鼓励儿童用符合语境的肢体语言、表情去朗诵

教学环节三、礼貌礼仪行为学习（10分钟）

教学内容	1. 启迪与思考		A. 师问：孩子们，除了热情文明歌里的礼貌礼仪，你还知道其他客人来做客的礼仪吗？ 生答：…… B. 师问：客人来的时候要有礼仪，那我们去别人家做客又有些什么样的礼仪呢？ 生答：…… C. 师答：孩子们都很积极地回答和思考，我们再学习一些礼仪行为，等会儿大家就一起合作我爱我家小剧场，分别扮演小主人和小客人
	2. 礼仪行为学习	A. 出示礼貌微笑与礼仪的行为图片	师：迎接客人除了礼貌的语言外，还要有真诚的笑容和端正的体态。如果嘴里说"叔叔好"，但实际眼睛还看着电视机，心里想着电视节目内容，这也是不礼貌的。要面带微笑，仪容端正欢迎客人
		B. 出示伸懒腰、打哈欠的不文明礼仪图片	师：接待客人和做小客人，这些伸懒腰、打哈欠的行为也是很不礼貌的，要注意

续表

教学内容	2. 礼仪行为学习	C. 出示抱手在胸前，眼神挑衅的不文明礼仪图片	师：抱手在胸前是不大方、对客人不友好的身体语言，要注意。在客人面前"人来疯"，打扰大人说话，在客人面前打开礼物，当着客人的面向父母要东西等行为也是很不礼貌的

教学环节四、休息（5分钟）

第二部分
我爱我家小剧场（60分钟）

教学环节五、播三只小猪招待客人小电影（10分钟）

教学步骤与导语	1. 播小电影（2分钟）； 2. 师问：小电影里三只小猪接待客人做得怎么样？它们哪里做对了？哪里做得不够好呢？ 生答：…… 3. 师：来吧孩子们，小动物们都那么热情地招待客人，接下来你们也开始我爱我家小剧场，做个小主人招呼客人，也做个小客人吧

教学环节六、我爱我家小剧场（40分钟）

教学步骤	1. 布置任务（5分钟）	A. 师：现在我们有两组我爱我家小剧场任务，第一组是要做小主人招呼客人的，第二组是到爷爷奶奶家里做客的； B. 师：现在先来思考一下，如果家里来客人了，那么需要做一些卫生清洁准备迎接客人吗？做哪些卫生准备？还有同学能想到更多的接待客人的准备吗？ 生答：…… C. 师：客人来时需要怎样的礼貌礼仪呢？ 生答：…… D. 师：送客时又需要什么样的礼貌礼仪呢？ 生答：…… E. 师：到长辈家做客，在敲门、问候、用餐、谈话和道别时，都需要有礼貌，等会儿创作这组儿童剧的孩子思考下这些环节中需要的礼貌言语和行为
	2. 我爱我家儿童剧场（30分钟）	教学步骤： A. 把儿童分组后，指导并明晰每组不同的任务，促进儿童创作自己的团体故事（5分钟）；

教学步骤		
教学步骤		B. 邀请儿童分组出来展示他们的故事，教师边聆听鼓励，边提出指导意见，引导儿童准确进行语言表达，如关怀语、贴心语的运用等（10分钟）； C. 教师提出指导意见后让儿童团体再次组织起来，完善思考，更好地解决问题（5分钟）； D. 邀请儿童再次出来展示团队合作的故事，教师给予鼓励及提升的指导建议（10分钟）
	3. 总结与提升孩子们在故事创作中美好语言的运用，加强和加深儿童对人际交流语言的认识与熟练运用（5分钟）	情感智力教学示例，均为儿童在课堂实践互动学习的真实记录，可作为教学参考和给学生的启迪。 接待客人的礼仪： a. 我们先去收拾房间，等会客人就要来了，把看完的书夹好放在柜子里，不要放得乱七八糟； b. 阿姨来了，我帮您拿一双拖鞋，给您倒一杯水吧； c. 请问您找谁？阿姨，我妈妈不在，请您改天再来好吗？ d. 陈阿姨待会儿要来了，我们先打扫好房间吧； e. 陈阿姨，请到那边去看电视吧； f. 我们要拿点水果出来给客人吃； g. （递上茶）请慢用； h. 请进。 送客礼貌言语： a. 阿姨，请一路走好； b. 祝你一路顺风！ c. （为客人开门）请慢走！ 探望长辈的问候语、关爱语及用餐礼仪： a. 外公外婆，天气冷了要穿厚棉袄，不要着凉了； b. 外公外婆，有什么需要我帮忙的吗？ c. 爷爷奶奶，你们做的饭菜真丰富，您请先吃！ d. 爷爷奶奶好，你们最近的身体还好吗？

教学环节七、儿童学习感受表达与教师的总结或鼓励（5分钟）

教学步骤与导语	1. 复习本节课的文明歌； 2. "今天老师看见每位同学的学习热情都非常饱满，现在请你们思考一下，用一句简单的话说出你今天的学习感受。" 3. 教师边聆听每位孩子的学习感受，边给予每个个体鼓励

教学环节八、歌舞结束（5分钟）

教学环节九、教学拓展	
教学方法	1. 邀请家长了解本节课教学内容； 2. 让家长了解儿童在课堂学习中不但综合素质在发展，爱的能力也在发展，家长要多学习与儿童平等、尊重的相处方式、沟通方式，这样才能共同建构爱的家园。如果条件允许，可以另外开设家长课堂或亲子互动课堂，家长亲身体验情感交流的人际互动模式
教学环节十、教师的教学日记	
1. 教学观察： 2. 教学记录： 3. 教学思考和领悟： 4. 其他想法：	

二、儿童情感智力分析

社会一直都倡议文明礼貌语言，这节课通过情景互动、情景想象，儿童经过情景观察、换位思考后说出了文明、得体的人际互动语言。通过儿童纯真的表达，文明礼貌语言彰显了它的本质和魅力——这就是人类爱的语言，也是诗的语言。回到开篇科学家在科技无限发展的今天的思考：回归童年，我们才能发现更多。这是真理，唯有对人类童年心怀敬畏和尊重，我们才有更远的远方！

第六节　第十课《做个好邻居》

（课时：90分钟）

一、教学实践

表6-5　第十课《做个好邻居》教学实践

第一部分 学习热身与启蒙（35分钟）	
教学环节一、歌舞热身（3~5分钟）	
教学内容	带领儿童进行3~5分钟歌舞热身，教师设计好舞蹈动作，带领儿童边唱边跳，鼓励儿童身心的积极发展（参考选用：儿歌《客人来》或《花仙子》）

续表

	教学环节二、绕口令热身（10分钟）		
教学内容	1. 朗诵内容	\multicolumn{2}{l	}{绕口令：老邻里 两个老邻里都爱下象棋， 风雨不改每天练棋艺。 棋迷老李好棋法， 棋迷老齐善诱敌。 兵来将挡难分辨， 不知老李吃老齐的军， 还是老齐赢老李一局？ 棋迷老李和老齐， 老当益壮爱学习。 邻里和谐好榜样， 街区评为进步里！}
	2. 教学步骤	A. 教师朗诵示范	教师配合表情、肢体语言、故事情节进行示范朗读，表现出两个棋迷下棋时你争我夺的精彩画面
		B. 教师带读，儿童跟读	让儿童熟悉朗诵并了解绕口令的内容
		C. 学习提问	a. 师问：同学们，请举手告诉老师，这首绕口令讲了什么呢？ 生答：有两个老邻居都是棋迷，他们风雨不改每天都练习下棋。他们都各自有自己的长处，老李的棋法好，老齐善于诱敌。下棋的时候，杀得很难分辨，不知道最后的输赢。老李和老齐虽然老了，但他们都还是那样爱学习，因为邻里相处好，所以他们住的地方被评为了进步里； b. 师答：对，这两个老邻居都是棋迷，有共同爱好兴趣的邻居做伴不但是一件非常快乐的事情，而且还能共同进步，让社区更和谐。现在让我们用快乐的心一起朗诵这首绕口令，一起进入两个棋迷的世界。

续表

教学内容	2. 教学步骤	D. 教师带领儿童熟读绕口令《老邻里》	教学备注：教师在提问过程中，根据学生的情况解释成语老当益壮 a. 朗诵：指导、纠正儿童的发音、语速、语调、情感等，展现既快乐又曲折的棋迷世界； b. 时间允许可做教学扩展：儿童熟悉朗诵后，让儿童分别扮演棋迷老李和棋迷老齐进行角色表演朗诵，增强儿童对情景、人物的理解力和表现力。比如，朗诵到下棋过程中可以引导儿童想象两个棋手不同的神态、语言。评为进步里这段，可以增加简洁故事情节，如有的学生可以安排做其他角色，带来锦旗等。 允许不同组别有不同的朗诵创意、故事情节，增加观赏性、趣味性、启发性和相互学习的空间

教学环节三、课程主题导入（15分钟）

教学内容	1. 邻里交往礼仪启迪	A. 分享： 师：刚才我们感受了两个棋迷下棋的热情和热烈，孩子们，生活中我们是不是常常可以看见这些一起下棋的邻居呢？对，有一个兴趣相投的邻居，我们的生活就更丰富多彩了。现在请和大家分享你印象最深的邻居，以及你们之间发生的事情。 生：…… 教学备注：孩子们谈到的生活中的各种真善或丑恶，教师要及时强化美好，对不良行为应向孩子们明确，也可让孩子们对一些行为谈见解、感受或建议
		B. 礼仪学习启迪： 师：听了孩子们的分享，我们更加体会到邻里交往多么重要。要有友好的邻里交往，礼仪是很重要的，现在请告诉老师，和邻居相处要有怎样的礼仪？ 生：……

续表

教学内容	1. 邻里交往礼仪启迪	C. 邻里礼仪： 师：同学们都说得很好，现在老师也总结一些和邻居相处的礼仪： a. 见到邻居要主动打招呼问好； b. 不要制造噪声、大声喧哗，或电视剧音量过大干扰邻居的生活和休息； c. 在大楼、公众花园不要追逐； d. 不要选择在大家休息的时间找邻居小朋友去玩耍
	2. 童话故事启蒙	师朗诵： **童话：好邻居** 　　蟋蟀和小草是山谷里的邻居，蟋蟀头上有两根小天线，能够接收宇宙的信息。宇宙的每颗星星都有自己的节目和频道，每天晚上蟋蟀转转头上的天线，就能接收到星星们不同的节目。小草就寂寞多了，只能看着星星们闪光。蟋蟀对小草说："好邻居，谢谢你让山谷这样清新，就让我把星星的广播节目告诉你吧！""滴滴、滴滴……"小草也听到星星的广播啦！ 师："大家听了那么好听的一个邻居互助的童话，就更加知道邻居的互相友爱有多棒，生活更多姿多彩。等会儿也让我们编出关于邻居互相友爱的故事。" 教学拓展：教师可向孩子们介绍科学家探测到宇宙空间发出了未知的密码，猜想是不是地球外的生物发出的联系信号，一直都在解码和寻找太空智慧生命。邻居除了生活环境的邻居，地球外的生命也可以是地球人的邻居

教学环节四、休息（5分钟）

第二部分
儿童童话创作小剧场（55分钟）

教学步骤		教学环节五、儿童童话剧创作小剧场（45分钟）
	1. 观察力与表述能力培养	出示1~2张能启发邻里故事的想象图片，问儿童图片里有些什么，首先鼓励儿童发展细致观察的能力和完整句的表达能力。 比如儿童回答："我看见有一棵树。"可以引导儿童这样回答："我看见一棵长满树叶的树，旁边有一只熊，还有一只蜻蜓在树上飞。" 教学备注：经过了这么多节的教学，儿童的表达能力已经很好。教师可以仔细关注儿童的思维发展情况

教学步骤	2. 儿童童话剧《好邻居》创作小剧场（35分钟）	教学步骤： 教学备注：本节课情景处理任务联结第一单元的童话创作，让儿童尝试把生活与联想结合在一起，既是多元智能的培养、学以致用学习能力的综合运用，也是对上一单元的复习	A. 师：现在，请同学们分组，分别联想创作《好邻居》的故事，并通过角色扮演表演出来。这些童话故事可以是邻居之间的互助，也可以是礼仪，或者是你们希望的更多的美好世界。现在让我们先回想一下第一课到第六课的童话故事创作方式，把邻居的相处与童话故事结合在一起，做一些新的尝试。孩子们，告诉老师，有信心做新尝试、新挑战吗？ 生：…… B. 分组合作： a. 把儿童分组后，鼓励他们进行开放式的联想，在团体热烈的讨论中，先串联组织出故事的简单结构（5分钟）； b. 邀请儿童分组讲故事，教师边聆听鼓励，边提出指导意见，引导儿童准确进行语言表达，如语句逻辑性、语词运用正确性等（10分钟）； c. 教师提出指导意见后让儿童团体再次组织起来，完善或发挥更大空间进行故事创作（5分钟）； d. 邀请儿童再次出来展示团队故事，并大方地进行角色扮演，鼓励儿童身心的全面发展，教师给予鼓励及提升的指导建议（15分钟）

教学环节六、儿童学习感受表达与教师的总结或鼓励（5分钟）

教学步骤与导语	1. 复习本节课的绕口令； 2. "今天老师看见每位同学的学习热情都非常饱满，现在请你们思考一下，用一句简单的话说出你今天的学习感受。" 3. 教师边聆听每位孩子的学习感受，边给予每个个体鼓励

续表

教学环节七、歌舞结束（5分钟）	
教学环节八、教学拓展	
教学方法	1. 邀请家长了解本节教课学内容，亲子一起熟读《老邻里》和故事游戏角色朗诵《老邻里》； 2. 让家长了解儿童在课堂学习中不但综合素质在发展，爱的能力也在发展，家长要多学习与儿童平等、尊重的相处方式、沟通方式，这样才能共同建构爱的家园。如果条件允许，可以另外开设家长课堂或亲子互动课堂，家长亲身体验情感交流的人际互动模式
教学环节九、教师的教学日记	
1. 教学观察：	
2. 教学记录：	
3. 教学思考和领悟：	
4. 其他想法：	

二、儿童团体口语故事创作教学案例和情感智力、社会性发展分析

天使的礼物

（一至二年级）

有一位小男孩天使，他的名字叫童童，他和一位小女孩天使嘉昕是好朋友。有一天童童打电话给嘉昕："你有空吗？我们一起去钓星星和洋娃娃吧！"

嘉昕说："当然有空呀，什么时候去呢？"

"就现在呀，我们赶快找一朵大云朵坐在上面钓吧！"童童说。

"那我们带上鱼钩吧。" 嘉昕说道。

童童说："好！"

拿到鱼钩之后，嘉昕钓到了很多星星和快乐地飘浮在天上的洋娃娃。但童童就一个都没有钓到，他待在云上一声不吭，很不快乐。嘉昕就问童童需不需要她的帮助，童童说："你能不能和我一起钓，教教我呢？"嘉昕答应了。

因为有了嘉昕的帮助，童童也钓到了很多星星和洋娃娃，他快乐极了。

他们钓了很久，钓到了很多洋娃娃。天空的洋娃娃这么漂亮、这么可爱，如果地球上没有爸爸妈妈的穷孩子也可以拥有就好了，他们想。于是到了晚上，他们就偷偷地把天空的洋娃娃送到了地球上那些没有爸爸妈妈的穷孩子的枕头边。天亮时，这些孩子醒来了，看见了这份漂亮的天使的礼物，他们都开心地笑了！

小蜻蜓的新家
（一至二年级）

小熊和小树是邻居，它们常常一起玩耍。有一天小熊又去找小树玩，但小树说："对不起，我的功课还没做完，要等我做完了才能玩。"

小熊不好打扰小树，有些失望地离开了，它很想这个时候有个小伙伴能和它一起玩。它走着走着，突然看见一只小蜻蜓吃力地在草地上搬饼干。于是它急忙问小蜻蜓是否需要帮忙。

小蜻蜓说："太好了！太好了！这块饼干太大了，我搬不动。"

小熊马上一手拎起了饼干说："搬到哪里呢？"

"嗯，这个，这个……"小蜻蜓挠着自己的小脑袋说不出来。原来小蜻蜓还没找到合适的新家放它刚寻回来的美食呢！

小熊建议说："你搬到小树的树洞吧，这样我们三个就可以做邻居，常常一起玩耍了！"

小蜻蜓兴奋地拍着手同意了，可马上又想要在小树身上安家也要小树同意了才行啊。于是它俩问小树是否同意把小蜻蜓的饼干放在小树的树洞里，以后就在它的树洞里安家。小树拍着它的叶子，沙拉沙拉地说："同意！同意！我又有新伙伴了！"

于是小熊和小蜻蜓一起把饼干搬进了小树的树洞，小蜻蜓从此在这里安了家。它们三个经常一起玩耍，还有下象棋，生活快乐极了！

儿童情感智力与社会性发展分析：

在经过了第一单元情感美育和第二单元情景问题处理学习后，在本节课的儿童表达中，除了展示儿童情感智力的提升外，还体现了儿童的社会性发展。这两个故事都是由儿童团体自由联想和口述创作，故事体现了儿童的情感智力：温暖、友爱、自律、同理心、推己及人。儿童的情感智力与社会性发展具有和谐的统一性，我们分析这两个儿童故事所反映的儿童的社会性发展。

《天使的礼物》，两个天使互相帮助钓到了星星和洋娃娃，儿童从故事联想的开始想到的就是互助，体现了温暖、友爱等情感智力。但儿童的助人之心并没有因此止步，而是推己及人想到了地球上的小朋友，把快乐送给了更多的人，这就是儿童的社会性发展。成人也可以通过讲故事、讲道理向儿童传递这样的社会性发展，但并没有由儿童内心升起的情感、联想与实践获得的认知那样自然和天性。

《小蜻蜓的新家》，从开始也体现了儿童互助友爱的情感智力，但从他们能紧扣教师的创作题目《好邻居》，以及结尾处结合了棋迷朗诵的环节，可以了解到这组儿童的学习能力很强，善于学以致用。教学中可以通过分享、教师点评，让学生互相学习，实现听、说、读、写的全面发展。这个故事儿童的社会性发展还体现在先咨询小树是否同意小蜻蜓在它身上安家，儿童推己及人的情感智力开始升华，是尊重、理解、契约等理性合作精神的萌芽。

附录一
一至三年级儿童学期结束学习感悟和儿童心理与思维力发展分析

年级	儿童学习感悟摘录	儿童心理与思维力发展分析
一年级	1. 我的学习感受是：我很开心，因为我认识了很多新同学。在团体编故事的时候是让我感觉最幸福的时光。 2. 我的学习感受是很开心，可以和大家一起编故事。我最喜欢的故事是我自己编的《小蚂蚁吃苹果》。 3. 我的学习感受是：我很开心，因为可以和大家一起编故事，同时交到了很多朋友。 4. 我的学习感受是在这个学期里，我学到了很多快乐的东西，例如学习绕口令、编故事、文明歌等，让我快乐得都不舍得离开少年宫了。 5. 这学期我懂得了回答问题是一件很有趣的事情。在这里学习还可以听到别人创作的故事，学到很多知识。 6. 这个学期我学到了很多知识，还可以和大家一起创作故事和分享自己的梦想，所以我感觉很快乐。	一年级儿童有的用事件陈述内心，这是成人容易理解的。有的儿童则用形象表达内心的情感，如"植物也是一种生命，植物的生命就像人一样，也会长大，也会开花结果"，"向日葵就像小朋友一样慢慢地成长，太阳就像老师给予我们温暖的阳光"等使用形象化语言的孩子，在现实中往往容易被忽视、被误解，因为他们的形象思维比逻辑思维发达，有的逻辑思维发展还有些落后，如果没有掌握一定的词汇量，在现实生活中他们可能并不那么顺利。所以，艺术教育帮助一些孩子发展潜能，但如果能提供表达的平台给儿童，让他们可以用语词、语句表达自我，那无疑对人才的培养更加有利。 当儿童掌控了语词表达情绪和感受时，不但是情感智力的发展，他的内在自信、人格也在有力量地生长，比如第一位孩子用幸福表达内心的情感，这是因为生命受到了滋养。"快乐得都不舍得离开少年宫了"，也是儿童情感智力的发展，能用具体语句表达内心的情绪。

续表

年级	儿童学习感悟摘录	儿童心理与思维力发展分析
一年级	7. 这学期我学到了很多的知识和本领，我觉得很庆幸。而且也认识了很多新同学。在刚开始的时候我和大家还不熟，后来在我们的共同学习中我就认识了许多好朋友，我觉得我应该更加努力，向他们学习。 8. 我的学习感受是：这学期学到了很多新鲜的知识。就像是心中拥有一道彩虹，使我的人生道路永远不会黯淡无光。 9. 植物也是一种生命，植物的生命就像人一样，也会长大，也会开花结果。植物慢慢长成一棵大树，我们不能砍伐它和伤害它。 10. 向日葵就像小朋友一样慢慢地成长，太阳就像老师给予我们温暖的阳光，我们这些小花朵跟着老师，慢慢茁壮成长。 11. 多聆听别人的意见：在第一次讲完故事后，我们聆听了老师和同学的意见。第二次讲故事时，我们把意见加了进去，故事编得更加精彩，最后得到老师的表扬，老师说我们可以拿优秀组，我心里很开心，这就是我在口才班里感受到的，聆听对我们的成长很重要。	"这学期我学到了很多的知识和本领，我觉得很庆幸。"这个孩子用了本领和庆幸这两个超越一年级儿童掌控的词汇，本领一词和理论部分一个5岁儿童谈感到自己是只猎豹，本质是一样的，即通过自己的实践、体验，生存本性转化为被自我肯定的本领。总谈培养孩子的自信心，自信心不是取决于外界、成人的评价或名誉，而是自我的体验。另外，这个孩子谈到了庆幸，这是极难得的谦卑。儿童和成人一样具有完整人格，关键是要为他们提供启迪、实践、感受的平台，以及尊重地聆听他们。 "第一次编故事时，我们上台非常紧张，讲得不是很好，但是大家给了我们很多意见和鼓励。"这也是情感智力，儿童经过一个学期的学习还能回忆刚开始时的学习情绪、学习情景，证明儿童的长时记忆能力很好，学习能力强，自我意识、专注与内在自信也成长得很好。通过回忆倒叙，儿童总结了学习如果遇到困难，那要相信办法总比困难多，那是儿童通过亲身体验的成长历程，探索到了学习的办法，自我成长的力量，儿童的感性思维自发生长，这位一年级儿童的心理与思维力的发展都是比较超前的。 再分析这位儿童的学习感悟："这学期学到了很多新鲜的知识。就像是心中拥有一道彩虹，使我的人生道路永远不会黯淡无光。"这个儿童是用心灵看世界的，所以说出了超越性的语言：人生道路永远不会黯淡无光。或许读者会疑惑或担心，这个孩子是不是有些早熟了？

续表

年级	儿童学习感悟摘录	儿童心理与思维力发展分析
一年级	12. 办法总比困难多：上课的时候，我和同学一起讨论故事的情节。第一次编故事时，我们上台非常紧张，讲得不是很好，但是大家给了我们很多意见和鼓励。然后我和其他同学一起合作想了很多办法，所以在第二次上台时我们编得更加精彩了，得到了大家的肯定。这就是我的学习感受：办法总比困难多	早熟或许有一点，但因为老师尊重课堂的真实，尊重每个儿童生长的天性，他由心而发的感悟对儿童来说就是无比珍贵的人生财富。用心灵看世界，每个人都有超越的能力。很渴望老师表扬的孩子往往内在自信不够，老师要慎重对待这类儿童，既要给予鼓励，也不要让其依赖鼓励、表扬，要多引导这类儿童在尝试中、进步中不断发现自我、肯定自我。 能拟定题目的孩子，从其条理清晰的叙述中显示出逻辑抽象思维、记忆能力、自我体悟及知识综合运用的能力，心智都在超前发展
二年级	1. 我的学习感受是：我很快乐，因为我来这个班学习之后我明白了学习是很宝贵的。我学会了自我介绍，尽管刚开始的时候我很害怕。但是渐渐地我意识到学习是一种快乐，在这里我学到了知识、学到了本领，就像一座宝库一样，你把那个箱子打开以后你就会看到很多珍贵的物品。我把学习之心存储在彩虹里，以后长大了可以慢慢回忆。 2. 我这学期的学习感受是：队伍永远是你坚强的后盾。就像我们在团体编故事的过程中一样，如果遇到挫折了，我们大家可以一起想办法解决。 3. 我的学习感受是在这里的学习是很宝贵的，如果你不学习就像失去了一次生命一样。所以，以后我会更加珍惜在这里的学习机会，努力提升自己的口才。	从二年级儿童的学习总结里，可以看到他们的语言组织更丰富，陈述性更强，对课堂的学习能拓展到日常的生活与学习，具有自我反思、自我超越的能力。自我反思、自我超越，代表了情感智力的高度发展，儿童具有稳定的情绪和积极、良好的人格。当提供开放性、实践性的教学平台时，情感智力没有被破坏，内在自信良好的儿童，二年级已经可以发展自我反思、自我超越的自我认知能力，自我掌控能力，这份人类智力的潜能很值得受到重视。 分析儿童这句表达："队伍永远是你坚强的后盾。就像我们在团体编故事的过程中一样，如果遇到挫折了，我们大家可以一起想办法解决。"说这句话的孩子是一个很内向、不大能够表达的孩子，在团体学习中经常沉默无语。当他在学期末说出这段话的时候，老师和家长都非常惊讶，大家没有想到在孩子的内心原来有这么深的感触和酝酿，因为一个二年级男孩能表达

续表

年级	儿童学习感悟摘录	儿童心理与思维力发展分析
二年级	4. 我这学期的学习感受是很开心，因为这学期学到了很多知识。在创作故事的时候结识了许多新伙伴，而且还一起分享了我们的梦想，所以我觉得这学期又开心又兴奋。 5. 我的学习感受是我很快乐，因为可以和大家一起编故事。就像之前和大家一起编的《说脏话的小花狗》得到了优秀剧本，这一点让我很开心。其他组编的故事也很好，我希望下学期我们都可以再接再厉。 6. 我这个学期的学习感受是很开心，因为可以和大家一起编故事，也能听到别人编的故事。《说脏话的小花狗》这个故事是令我印象最深的，因为听这个故事前我是经常说脏话的，听完这个故事之后，我知道了说脏话是不对的，所以改正了爱说脏话的坏习惯。 7. 从害怕到勇敢：第一节课，我记得自己很害怕，甚至不敢发言。但在一次讲故事的时候，得到了老师的鼓励和认同，成了故事大王，我非常开心。心想："我这么厉害，我以后也要勇敢地发言！"从此我就变得勇敢了，每一次上课都能勇敢地说出感受，勇敢地和小组一起编故事。这就是我在口才班的学习感受。	"坚强的后盾"这样的语词，不但具有了较高水平的语词表达能力，更加体现了他在建构心理层面的力量。在团体口语创作、团体解决问题的学习中，儿童具有了很强的团体意识。任性的孩子因为以自我为中心，忽视他人与情景，而通过团体互动、情景互动，不但帮助了儿童智力的发展，在自我意识与他人意识、团体意识中也获得了良好的发展。所以对于一些内向沉默的孩子，家长和老师都可以多些耐心观察，通过多样化、游戏式、艺术式的教学帮助儿童打开内心。再分析这段："我在口才班的学习感受，我总结了三点。第一点就是，办法总比困难多。第二点，团结合作可以把事情办成。第三点，珍爱生命，保护生命。"对于二年级儿童来说，这样精简提炼的思维力是比较超越的，体现了儿童抽象逻辑思维的超前发展。 "我每次来口才班学习都很开心，因为在每一节课我们都会有新的尝试。新的尝试虽然会有些难，但是我并没有把它看做一种困难，而是把它看做一种兴趣、一种探索。"这一段学习总结除体现了非常突出的抗挫折素质外，也是儿童对学习本质的深度认识和自我体验，更是一生学习动力建立的正确开始。教育儿童非常宝贵的是协助他们塑造学习型、创造型的人格特质，并启动情感智力的芯片

续表

年级	儿童学习感悟摘录	儿童心理与思维力发展分析
二年级	8. 我在口才班的学习感受，我总结了三点。第一点就是，办法总比困难多。第二点，团结合作可以把事情办成。第三点，珍爱生命，保护生命。 9. 珍惜生命：我这个学期学习到了很多知识，如珍爱小动物的生命，在家和学校要讲礼节。在学习爱护动物这一课时我感受最深。经过学习后，我想人类现在乱捕杀小动物，多可惜啊！如果不捕杀动物，它们就可以在自然界快活地成长和玩耍，我们的大自然就会更加美丽。同时我们也要保护昆虫，因为我们生活中有许多益虫，它们帮助了我们人类。 10. 我每次来口才班学习都很开心，因为在每一节课我们都会有新的尝试。新的尝试虽然会有些难，但是我并没有把它看做一种困难，而是把它看做一种兴趣、一种探索	
三年级	1. 爱护动物：一开始，我们还没有学习到爱护动物那一课的时候，我很喜欢抓动物。学完了那一课，我发现抓动物的行为是不对的，我们应该保护生命。从此，我就不再抓动物了，因为抓动物会影响它们的生活，伤害他们的生命。这就是我这个学期的总结。	三年级儿童在抽象逻辑思维上有了更大的发展，主要体现在他们能对自己的表达拟定题目。三年级儿童对事件和心路历程的陈述能力更强、更细致，当儿童能细致陈述事件与心路历程时，也是心理品质、思维品质塑造的过程、人格塑造的过程。当他们在陈述时能够受到尊重、聆听、理解与鼓励时，这对他们健康人格的形成影响巨大，长大后他们也会善于聆听

续表

年级	儿童学习感悟摘录	儿童心理与思维力发展分析
三年级	2. 现在的我和以前的我：以前在第一节课讲故事的时候，我记得每个人都是沉默不语的。因为第一节课大家还不是太熟悉，也觉得这个地方很陌生。后来慢慢地我们习惯了这里的环境，也交了许多新朋友，使我们在讲故事的时候更加融洽和谐。就这样我们通过努力在口才班里进步了许多，这就是我这个学期的总结。 3. 成长：我们在这里的成长就比如一朵朵鲜花，我们会遇到很多困难和风雨，但经过磨难后，我们会绽放得更美。有一次我们在创作《好邻居》这个故事中，我们想了很久都想不出来，眼看时间快要到了，我们十分着急。这时候就要轮到我们了，我们上台后，吞吞吐吐地过了很久还是没说出来。突然我的脑子里出现了一点思路，于是我便勇敢地说了出来。我很担心说得不好，但老师对我们说："你们这个故事讲得很好，等一下你们再加油把它演出来吧。"我们心想："我们一定要把这个故事演得更好。"最后我们不仅得了故事大王的称号，还得了优秀小组，我们十分开心，感受到了成长的快乐。	和理解他人——这就是情感智力建立的根基。在儿童的陈述中我们看到了他们的自我反思力，通过情感美育与团体合作，儿童通过一面面镜子看见了自己的不良行为，进行了自我反省与实现了自我超越，这就是儿童的自我教育。 　　有些儿童是比较超前发展的，尤其是女童，由于她们在语言和心理发展上都比男童快，所以她们可能更早参与成人安排的各种复杂事务或竞赛。她们通常都会比较懂事，默默承担很多，但这并不代表儿童的社会性发展良好，童真才是最重要的。过早参与成人化活动或过多承担成人责任的孩子，不利于她们的心理健康和个性的形成。而男童则相反，因为顽皮、不善于表达往往受到忽视或被误解、被惩罚、被打击。尤其在三年级的分水岭上，男女儿童的不均衡发展更加突出。三年级至五年级，是儿童人格形成的关键时期，而在童年期没有真正的坏孩子，是发展的不均衡、男女的差异造成了儿童在成长中的差距，要引导男女儿童的良好互动、相互学习，不能用道德标尺去评价儿童，否则对儿童期人格的塑造非常不利。在心灵世界，男女儿童的想象、情感并无差异，都具有温暖、阳光与创造的特性。

续表

年级	儿童学习感悟摘录	儿童心理与思维力发展分析
三年级	4. 和同学一起编讲故事，真开心：学期快结束了，我有点舍不得。在口才班里，我学到很多知识。比如说讲美好语言，爱护树木，在家里和父母讲礼节等。但我印象最深刻的是，在第二节课老师让我和启轩一起编故事。当时老师给了我们一张图片，让我们通过图片，发挥自己的想象力，和同伴一起编故事。当时我觉得自己是不可能做到的。可是我一边编，老师一边鼓励我，给了我很大的勇气，使我可以面对困难，然后我就鼓起勇气和启轩一起讲故事。最后得到了老师和同学们的肯定，大家也给我们很多建议去完善故事，希望我们第二次可以做得更好。在第二次中，我们综合了大家的建议果然进步了很多。 5. 我的成长：刚来口才班的时候，我们就像一颗种子，而"进步之星"这些荣誉就如肥料进入了土壤，陪伴着我们慢慢成长。老师就像太阳，照耀着我们，给我们灿烂的阳光。经过肥料和阳光的滋养，我们慢慢地发芽和长大，我们编的故事越来越多，也编得越来越精彩，最后我们长成了一棵茁壮的大树。 6. 在口才班的学习，使我感觉到学无止境。就像是一位科学家在科研的道路上探索，永远不会有终点。这也更加确定了我长大之后想成为一名科学家的愿望	最后一个儿童是不能拟定题目的，而这是一个比较好动顽皮的孩子，虽然具有创造力，但专注力不理想，比较散漫，其行为与父母的性格、对孩子的教养方式有关。但他的心灵世界在释放童真天性的课堂同样展现了美好与创造，关键是家庭教育要修正，家长自己的个性与行为方式要调整，否则孩子希望成为科学家的美好期待与散漫的家庭教育会形成巨大的反差，孩子在成长中会逐渐形成心比天高，但不能付诸实际的分裂型人格

附录二
情商教师自我成长团体实战课程

（本课程适合教育、企事业团体或个人）

第一课：《角色与自我——人格的艺术》	"我是谁"是哲学的终极问题，也是人生的终极问题。先做人再做事，这是不变的真理，无论我们走得有多远、走得有多高，都不能忘记"我是谁"。作为教育者、任何领域的成长者，若把这个终极发问放在情商教学之前，这既是人格成长，也是教学成长的一个重要制高点。 《角色与自我》是情商教师自我成长体验课程的高起点教学，在角色与自我的探索中，既释放出非本性的压力和负担，又实现角色与自我的和谐融合，让人格系统完整、饱满、有力量，并把人格力量潜移默化地转化到生活、工作与教学等多领域。在前面部分我们已经明白情商是知情意的合一，知情意层层推动，感性与理性既融合又相互超越所实现的多方位艺术，而当情商介入人格系统的教学，在本质上所实现的则是人格艺术课程了
第二课：《心灵空间与生命维度——探索生命金刚石的本性》	空间思维很早就在音乐、绘画、建筑、体育，甚至医科手术等众多领域被意识到其重要性，也是创造力、解决问题能力不能缺少的重要智力元素。思维具有空间维度，那生命呢？生命具有多维度吗？答案是肯定的。 自古圣贤就教导人们要有容天下之心的雅量，如果不拓展生命的维度，看问题、解决问题就只有线性的非黑即白；或平面思维，在迷宫里打转。探索心灵空间，拓展生命维度，了解到自己还有不同的、等待发现的生命维度，才能让生命展现出金刚石的本色。你既不是非黑即白的二元对立，也不是在迷宫里打转，圆滑的投机者、见风使舵者，而是用完整生命立足于世，实现自我潜能、自我价值发展的人

续表

第三课《儿童本我与未来》人类的童年既指向远古，更指向未来，在大我回归的路上，让童年本我告诉你自己你将创造一个怎样的未来！	本部分开启了儿童本我生命探索之旅。童年是每个人的宝藏、生命的密码，教育者若回归自我童年，返璞归真、涅槃重生、重新领悟，是大我之路的重要归途。人类的童年，既指向远古，更指向未来，在大我回归的路上，让童年本我告诉你自己你将创造一个怎样的未来！
第四课《实战：人际互动与自我体验——领导力之路》	团体教学与成长交流分享，发现团体成员生命已展开的金刚石有哪些面？潜在的还有哪些？需要整理的有哪些情绪或情结？ 团体沟通中发现了哪些沟通层次与沟通模式，让你有了新的学习、领悟或洞见？ 不同的层次与模式会引起怎样的关系与互动，会塑造一个怎样的团体？ ………… 内容会很广泛，其指向归结为领导力
第五课《情商科学与未来》实战与理论总结——专家之路	情商是智能科学、生命科学、人文科学的综合科学，也将会是系统的教育科学学科，可与教育及不同的职业、个人成长相结合。参与团体学习者，在导师的指引下通过自我体验，结合个人职业专长，突破自我，撰写专业领域的创造性论文

本课程根据团体人数、成长力、成长目标，决定每节课的时间，也可循环复训在每个部分不断提升。精品教学，每次团体教学不超过五人（含五人）。要求参与学习者具有心理学基础，心理健康，因为是高层次的人才培训课程，要求参与学习者年龄28岁以上，具有一定的生活与工作经验，为发现自我、开放自我、突破自我而来。

后 记

本书教案部分用了好几年时间去整理，全书从写作框架、思路拟定到完成，则用了两年时间。感谢这两年来出版社田姝老师、李海波老师提出的宝贵建议和意见。拟定写作思路时，感觉就像攀越珠峰；写作的过程就像跑马拉松；写作完成后审视书籍，自我感觉就像小时候阅读小人书那样轻松简单，也衷心祝愿读者朋友在轻松简单中愉快入门。虽然情商在中国的传播已经二十年了，人们在认知层面也不断体会、理解到情商的不可或缺，但情商的特点就是易懂难学，认知上明白，但在实践中不容易掌握，也很容易走偏，良好的实践平台也非常少。能够让大家在理论上一目了然、通俗易懂，又有具体的实践方法和教育科学的参考，这样大家会掌握得更快。

这本书的诞生，个人对专业的认真，对儿童教育事业的真诚是一个重要因素，但每个人的成长和努力都离不开时代的大背景、时代发展的洪流、时代主流的进步思想和力量。在教学与写作的过程中，儿童是我的老师、社会是我的老师、书中选用的人物是我的老师，还有很多人都是我的老师……我们生命里所遇见的，随着时间的沉淀、岁月的洗礼，都终将去伪存真，成为生命的财富。三年前我有一个梦，梦里我披着现实中存在的一件灰色披巾飞翔，梦中有一面镜子，我看见了自己，不是现实中的模样，带着一顶魔术师的帽子，有一双又圆又大的眼睛，像童话世界里的一个滑稽精灵。我飞呀飞，看见人们正在使劲地拉车子，我对人们说："人类要向我学情商。"这个梦概括、总结、折射了我儿童情商教学的一路，我并不认为自己是个高情商的人，我只是真诚努力地把心理学学科知识运用到教学里，从儿童的成长、生命自然的发展过程中，深刻、科学地理解了情商，并把儿童情智发展的过程呈现给大家，儿童才是我们人类情商的老师。

教育的本质是爱，在科学的大时代，教育对爱的理解更应烙印上科学的特质。教育心理学正是这样的特点，以科学研究的态度联结各个学科，体现了教育科学的本质、爱的本质。本书详细的教学设计展示，所传递的正是教育心理学科学与爱的本质，儿童在教育心理学的课程建构下，向人们展示了生命自然发展的过程。

心理学人总是一次次回归自我心灵，对自我发出追问，然后再一次次出发。不久前我曾问自己，此生结束希望葬礼上响起什么歌来代表自己这一生？很快一首歌便自然在心中升起，让我惊讶不已，竟然是很久很久都没有听过的儿歌《春天在哪里》。这首歌是七岁刚入学时学习的歌，没有想到它从来不需要想起，永远不会忘记，是我此生的主题歌。也因此让我更加明白，当儿童开始打开他们的眼睛去探索世界时，他们所遇见的美好有多么重要，或许就是他们此生的永恒、此生的光耀。感谢我的童年拥有一首如此美好的歌，哪怕走在寒冬里，走在风里、雨里，都有坚持寻找春天的勇气、信念和希望！

人若不经历风霜洗礼、不经历风雨，便不懂春天的珍贵，也看不见自己心中有道不落的彩虹。情商，就是人无论经历多少风霜洗礼，都依然深信自己、深信世界。哪怕世界给自己的是冬天，生命依然要傲然绽放；哪怕世界给自己的是冬天，也要奉献给世界一个温暖明媚的春天。这就是情商的极致——奉献精神。然而情商之珍贵并非来自道德的约束，是其既合乎社会的伦理道德，又超越了道德约束的生命发展的自由，并通过自我的自由发展更广泛地推动社会的进步。这种个人与社会多赢、共赢的局面，非常符合多元化发展的社会趋势。

后记通过一些重要的心理历程与教学的联结，向读者呈现了更多的写作背景，以及作者自我传记式的对情商的概括理解。如《真我的风采》这首歌，成长的路上要学会做真正的自己，虽然很难，但最终所有复杂的情绪与情感都会被你的真我感动，化做润物无声、共情共诚的春风细雨。衷心祝愿广大读者在未来的实践、自我成长、人类的教育事业中，越走越远、越走越宽，只要道路走对了，路就是征程、路就是无限的远方……

陈荔茹

2020年6月于广州

参考文献

[1] 丹尼尔·戈尔曼.情商[M].杨春晓,译.北京:中信出版社,2010.

[2] 丹尼尔·戈尔曼.情商2[M].2版.魏平,等译.北京:中信出版社,2010.

[3] 丹尼尔·戈尔曼.情商3[M].葛文婷,译.北京:中信出版社,2013.

[4] 丹尼尔·戈尔曼.情商4[M].任彦贺,等译.北京:中信出版社,2014.

[5] 丹尼尔·戈尔曼.情商(实践版)[M].杨春晓,译.北京:中信出版社,2012.

[6] 丹尼尔·戈尔曼.专注[M].杨春晓,译.北京:中信出版社,2010.

[7] 米杉.儿童情商教育[M].卢彦萍,译.北京:社会科学文献出版社,2013.

[8] 米杉.情商魔法训练营[M].倪男奇,译.南京:译林出版社,2011.

[9] 米杉.由心咨询[M].倪男奇,译.北京:社会科学文献出版社,2013.

[10] 理查德·戴维森.大脑的情绪生活[M].王萌,译.上海:上海人民出版社,2015.

[11] 卢梭.爱弥儿[M].2版.彭正梅,译.上海:上海人民出版社,2011.

[12] 霍华德·加德纳.多元智能的理论与实践[M].2版.方钧君,译.北京:北京师范大学出版社,2005.

[13] 白羽.改变心力[M].杭州:浙江文艺出版社,2006.

[14] 丁海东.儿童精神一种人文的表达[M].北京:教育科学出版社,2009.

[15] 许之屏.运动与儿童心理发展[M].长沙:湖南师范大学出版社,2005.

[16] E.詹森.基于脑的学习[M].梁平,译.上海:华东师范大学出版社,2008.

[17] 柯瑞.团体咨询的理论与实践[M].刘铎,等译.上海:上海社会科学院出版社,2006.

[18] 萨提亚.新家庭如何塑造人[M].易春丽,等译.北京:世界图书出版公司,2006.

[19] 米杉.梦的真相[M].倪男奇,译.北京:世界图书出版公司,2010.

[20] 李卫东.梦到底预言什么[M].沈阳:辽宁教育出版社,2011.